U0364330

高等院校艺术设计案例教程

Photoshop CS6

艺术设计案例教程

（第二版）

崔建成　周　新◎编著

清华大学出版社

北　京

内 容 简 介

自设计领域引入计算机技术以来,艺术设计创意手段和方法变得空前丰富,大大增强了设计作品的表现力和视觉冲击力,备受业内人士的青睐。

本书以艺术设计领域应用最为广泛的计算机软件——Photoshop CS6为设计平台,以平面设计领域的实际应用为引导,从字体设计、标志设计、广告设计、包装设计、图形图像设计、服装设计和网页版式设计7个方面,系统地介绍了Photoshop CS6在艺术设计中的应用。

本书旨在为读者提供一个良好的计算机技术与艺术创意完美结合的媒介,内容详实、层次合理、讲解清晰、实例典型,具有很强的指导性、实用性和可操作性。

本书适合作为高等院校艺术设计专业、数字媒体艺术设计课程的教材,也适合视频和电影制作、摄影、图形设计等不同领域的专业人员使用,还可供广大计算机艺术设计爱好者自学或参考。

图书在版编目(CIP)数据

Photoshop CS6艺术设计案例教程/崔建成,周新编著. —2版. —北京:清华大学出版社,2013

高等院校艺术设计案例教程

ISBN 978-7-302-33302-9

Ⅰ. ①P… Ⅱ. ①崔… ②周… Ⅲ. ①图像处理软件-高等学校-教材 Ⅳ. ①TP391.41

中国版本图书馆CIP数据核字(2013)第168810号

责任编辑:杜长清
封面设计:刘 超
版式设计:文森时代
责任校对:王 云
责任印制:杨 艳

出版发行:清华大学出版社

网　　址:http://www.tup.com.cn,http://www.wqbook.com
地　　址:北京清华大学学研大厦 A 座　　邮　　编:100084
社 总 机:010-62770175　　　　　　　　邮　　购:010-62786544
投稿与读者服务:010-62776969,c-service@tup.tsinghua.edu.cn
质 量 反 馈:010-62772015,zhiliang@tup.tsinghua.edu.cn

印 装 者:北京天颖印刷有限公司
经　　销:全国新华书店
开　　本:185mm×260mm　　印　张:15　　字　数:342千字
版　　次:2010 年 3 月第 1 版　2013 年 9 月第 2 版　印　次:2013 年 9 月第 1 次印刷
印　　数:1~3800
定　　价:39.80 元

产品编号:053072-01

前　言

Photoshop 是 Adobe 公司研发推出的一款图形图像处理应用软件，在平面设计的多个领域中发挥着重要的作用，目前最新版本是 Photoshop CS6。相对于之前的版本，其在功能上有了很大的提高，界面更新颖、更趋人性化。特别在具体工具方面：例如"内容识别移动工具"、"内容识别修补工具"、"重新设计的裁剪工具"以及画笔的投影与笔势、画笔颜色动态等方面变化更为神奇。

本书是以 Photoshop CS6 软件为设计平台，在 Photoshop CS4 基础上进行了大胆的改进，以平面设计领域的实际应用为引导，全面、系统地讲解了如何使用 Photoshop CS6 进行艺术设计，保留了第一版优秀的设计作品，同时增加了许多新的艺术创作。通过本书的学习，读者不仅可以学习 Photoshop CS6 的基本使用方法和应用技巧，也可了解和掌握平面设计作品制作的思路和方法。

全书共分为 9 章，第 1 章介绍了 Photoshop CS6 的基本操作知识；第 2 章简单阐述了平面设计的基本理论知识；第 3 ~ 7 章从字体设计、标志设计、广告设计、包装设计和图形图像设计等角度，结合不同作品（案例）进行分析阐述。在第 3 ~ 7 章中，虽然形式上没有太多变化，但是在具体内容上进行了大胆的改进，调整了内容与结构，使之更切合实际教学；注重单一工具的实战效果，做到理论与实际紧密结合。第 8 章为服装效果图设计，从服装设计美感、服装设计风格、服装设计造型和服装设计表达方式等方面进行阐述，解决了利用 Photoshop CS6 进行服装设计的问题。第 9 章为网页版式设计，作为视觉设计范畴的一种形式，Photoshop CS6 同样发挥着强大的功能。

本书由青岛科技大学崔建成、周新编著。由于时间紧迫，加之笔者水平有限，书中不妥之处在所难免，恳请广大读者批评指教。

特别声明：书中引用的有关作品及图片仅供教学分析使用，版权归原作者所有。由于获得渠道的原因，没有加以标注，恳请谅解并对其表示衷心感谢。

崔建成

目　　录

Chapter 01　Photoshop CS6的基本操作

Chapter 02　平面设计

Chapter 03　字体设计

Chapter 04　标志设计

Chapter 05 广告设计

Chapter 06 包装设计

Chapter 07 图形、图案的设计

Chapter 08 服装设计

Chapter 09 网页版式设计

Chapter 01

Photoshop CS6 的基本操作

本章内容

1.1 Photoshop 的应用领域

　　Photoshop 应用范围非常广泛，从修复照片到制作精美的图片，从打印输出到上传文件，从工作中简单的标志、图案设计到专业的平面设计、分色印刷等，几乎是无所不能。因此说 Photoshop 是艺术设计领域中应用最为广泛的软件之一。

1.1.1 Photoshop的用途

　　Photoshop 的应用领域主要包括字体设计、标志设计、图案设计、各类广告设计、网页设计、包装设计、CIS 企业形象设计（行业标志设计、服装设计、各种标牌设计）、装潢设计、产品设计、印刷制版、卡通动漫形象设计以及影视制作（卡通动漫造型效果表现和影视片头、片尾特效制作）。

1.1.2 案例展现

1. 字体设计

字体设计示例如图 1-1 和图 1-2 所示。

图　1-1　　　　　　　　　　　　　　　　　图　1-2

2. 标志设计

标志设计示例如图 1-3 ～图 1-7 所示。

图　1-3

图 1-4

图 1-5

图 1-6

图 1-7

3. 图案设计

图案设计示例如图 1-8 和图 1-9 所示。

图 1-8

图 1-9

4. 各类广告设计

广告设计示例如图 1-10 和图 1-11 所示。

图 1-10

图 1-11

5. 网页设计

网页设计示例如图 1-12 ～图 1-15 所示。

图 1-12

图 1-13

图 1-14

图 1-15

6. 包装 / 装帧设计

包装 / 装帧设计示例如图 1-16 ～图 1-18 所示。

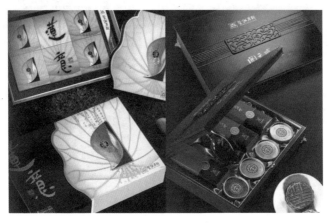

图 1-16

图 1-17

图 1-18

7. 版式设计

版式设计示例如图 1-19 和图 1-20 所示。

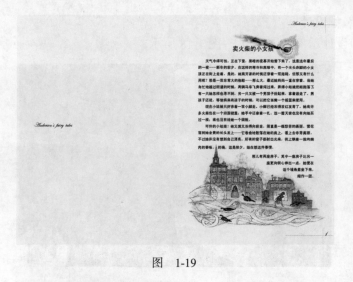

图 1-19

图 1-20

8. 卡通动漫形象设计

卡通动漫形象设计示例如图 1-21 ～图 1-23 所示。

图 1-21

图 1-22

图　　1-23

1.2　位图和矢量图的特性

在学习 Photoshop 之前，首先要了解位图和矢量图的概念。一般情况下，利用 Photoshop 创建的图形图像都可以称作位图；利用 CorelDRAW 创建的对象都可称作矢量图。

1. 位图

位图也叫栅格图像，是由多个像素组成的。位图图像放大到一定倍数后，便可看到一个个方形的色块，图像变得模糊，而且边缘出现锯齿，如图 1-24 所示。

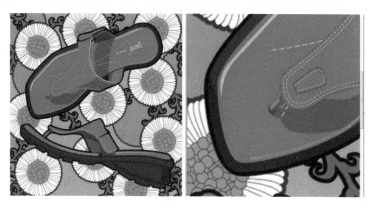

图　　1-24

位图的清晰度与分辨率的大小有关，同样尺寸大小的图像，分辨率越高则图像越清楚，反之图像越模糊。

2. 矢量图

矢量图又称作向量图形，使用直线和曲线来描述图形，这些图形的元素是一些点、线、矩形、多边形、圆和弧线等，都是通过数学公式计算获得的。每个元素都是一个独立的实体，具有颜色、形状、轮廓、大小和屏幕位置等属性。将矢量图放大后，图像不会失真，和分辨率无关，文件占用空间较小，适用于图形设计、文字设计、标志设计和版式设计等，如图 1-25 所示。

图　1-25

1.3 像素和分辨率的关系

　　像素和分辨率是 Photoshop 中的两个基本概念，二者决定了图像文件的大小和印刷输出的质量。

　　1. 像素

　　在计算机绘图中，像素是构成图像的最小单位，是屏幕上可控制的最小区域。像素是一个具有单一色彩或亮度的小方点，许多代表不同颜色的像素组合在一起就构成了一幅画面。

　　2. 分辨率

　　分辨率是描述图像文件信息量的专用术语，表示单位面积内像素点的数量，通常用"像素 / 英寸"或"像素 / 厘米"表示。

　　图像分辨率的高低将直接影响图像的质量，当分辨率过低时，会产生粗糙的画面效果，在排版印刷后图片非常模糊，且具有明显的锯齿效果；图像分辨率较高时，图像则显示清晰细腻的效果，但会增加文件占用的磁盘空间，在处理分辨率高的图像或打印输出时，会降低图像处理和打印输出的速度。

　　在 Photoshop CS6 中新建文件时，默认的分辨率为 72 像素 / 英寸，能够满足普通显示器正常显示图像的需要。在实际工作中，不同用途的设计对分辨率的要求也不同。例如，彩色印刷图像的分辨率一般设置为 300 像素 / 英寸；而印刷报纸、广告时，分辨率一般设置为 120 像素 / 英寸；发布于网络上的图像，分辨率一般设置为 72 像素 / 英寸或 96 像素 / 英寸；大型喷绘广告图像，其分辨率一般不低于 30 像素 / 英寸。总之，分辨率一定要根据实际情况来设置。

1.4 色彩模式

　　色彩模式是指同一属性下的不同颜色的集合，使用户在使用各种颜色进行显示、印刷及打印时不必重新调配颜色而直接进行转换和应用。计算机软件系统为用户提供的色彩模式主要有 RGB（光色模式）、CMYK（印刷模式）、Lab（标准色模式）、Grayscale（灰度）和 Bitmap（位图）等模式。每一种颜色模式都有其使用范围和优缺点，并且各模式之间可以根据需要进行转换。

1．RGB 色彩模式

RGB 色彩模式使用 RGB 模型，并为每个像素分配一个强度值。在 8 位 / 通道的图像中，彩色图像中的每个 RGB（红色、绿色、蓝色）分量的强度值为 0（黑色）～ 255（白色）。例如，亮红色的 R 值可能为 246，G 值为 20，而 B 值为 50。当这 3 个分量的值相等时，结果是中性灰度级；当所有分量的值均为 255 时，结果是纯白色；当这些值都为 0 时，结果是纯黑色。

RGB 图像使用 3 种通道在屏幕上重现颜色。在 8 位 / 通道的图像中，这 3 个通道将每个像素转换为 24（8 位 ×3 通道）位颜色信息。对于 24 位图像，这 3 个通道最多可以重现 1670 万种颜色 / 像素。对于 48 位（16 位 / 通道）和 96 位（32 位 / 通道）图像，每像素可重现更多颜色。新建的 Photoshop 图像的默认色彩模式为 RGB，计算机显示器使用 RGB 模型显示颜色，这意味着在使用非 RGB 色彩模式（如 CMYK）时，Photoshop 会将 CMYK 图像插值处理为 RGB，以便在屏幕上显示。

2．CMYK 色彩模式

在 CMYK 模式下，可以为每个像素的每种印刷油墨指定一个百分比值。为最亮（高光）颜色指定的印刷油墨颜色百分比较低，为较暗（阴影）颜色指定的百分比较高。例如，亮红色可能包含 2% 青色、93% 洋红、90% 黄色和 0% 黑色。在 CMYK 图像中，当 4 种分量的值均为 0% 时，就会显示为纯白色。

在制作需要印刷的图像时，应使用 CMYK 模式。将 RGB 图像转换为 CMYK 模式会产生分色，所以最好先在 RGB 模式下编辑，然后在处理结束时转换为 CMYK。在 RGB 模式下，可以使用"校样设置"命令模拟 CMYK 转换后的效果，无须真正更改图像数据。用户也可以使用 CMYK 模式直接处理从高端系统扫描或导入的 CMYK 图像。

3．Lab 色彩模式

Lab 色彩模式基于人眼对颜色的感觉。Lab 中的数值描述正常视力的人能够看到的所有颜色。因为 Lab 描述的是颜色的显示方式，而不是设备（如显示器、桌面打印机或数码相机）生成颜色所需的特定色料的数量，所以 Lab 被视为与设备无关的色彩模式。通常色彩管理系统使用 Lab 作为色标，以将颜色从一个色彩空间转换到另一个色彩空间。

Lab 色彩模式的亮度分量 L 的范围是 0 ～ 100。在 Adobe 拾色器和"颜色"调板中，a 分量（绿色 - 红色轴）和 b 分量（蓝色 - 黄色轴）的范围是 –128 ～ 127。

Lab 图像可以存储为 Photoshop、Photoshop EPS、大型文档格式（PSB）、Photoshop PDF、Photoshop Raw、TIFF、Photoshop DCS 1.0 或 Photoshop DCS 2.0 格式。48 位（16 位 / 通道）Lab 图像可以存储为 Photoshop、大型文档格式（PSB）、Photoshop PDF、Photoshop Raw 或 TIFF 格式。

4．Grayscale（灰度）模式

灰度模式在图像中使用不同的灰度级。在 8 位图像中，最多有 256 级灰度。灰度图像中的每个像素都有一个 0（黑色）～ 255（白色）之间的亮度值。在 16 位和 32 位图像中，图像中的级数比 8 位图像大得多。

灰度值也可以用黑色油墨覆盖的百分比来度量（0% 时为白色，100% 时为黑色）。

灰度模式使用"颜色设置"对话框中指定的工作空间设置所定义的范围。

5．位图模式

位图模式使用两种颜色值（黑色或白色）之一表示图像中的像素。位图模式下的图像也称为位映射 1 位图像，因为其位深度为 1。

如果要输出正片或通过打印机打印输出，选择 RGB 模式较好，因为该模式容易被大众接受；如果要输出胶片并进行大量印刷，则应使用 CMYK 模式。

1.5 Photoshop CS6 界面

打开 Photoshop CS6，首先看到的是一个默认的黑色背景界面，如图 1-26 所示。通常这种黑色界面并不十分适合工作环境，因此可通过选择菜单中的"编辑"→"首选项"→"界面"命令，在弹出的对话框中选择一种颜色来改变背景色，然后单击"确定"按钮，如图 1-27 所示，设置后效果如图 1-28 所示。

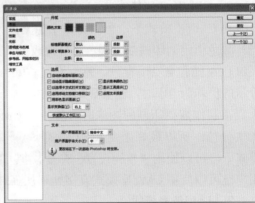

图　1-26　　　　　　　　　　　　　　　　　　图　1-27

图　1-28

A：文档窗口　B：桌面　C：垂直停放的调板（面板）组　D：标题栏 / 菜单栏
E：选项栏（属性栏）　F："工具"调板　G：状态栏

在默认的 Photoshop 工作区中可以使用各种元素（如面板、栏以及窗口）来创建和处理文件。这些元素的任何排列方式称为工作区。首次启动 Adobe Creative Suite 组件时，会看到默认工作区，可以针对所执行的任务对其进行自定义设置。有时为了获得较大的空间来显示图像，可按 Tab 键将工具箱、属性栏和控制面板同时隐藏；再次按 Tab 键可重新显示。

1. 图像（文档）窗口

图像（文档）窗口是表现和创作 Photoshop 作品的主要区域，图形的绘制和图像的处理都是在该区域内进行的。对图像窗口可进行放大、缩小和移动等操作。

2. 桌面

虽然 Flash、Illustrator、InCopy、InDesign 和 Photoshop 中的默认工作区各不相同，但在这些应用程序中处理元素的方式大体相同。Photoshop 默认工作区是一种典型的工作区，其中显示工具箱、控制面板和图像（文档）窗口，还可以双击桌面打开图像文件。

3. 控制面板

在 Photoshop CS6 中共提供了 21 种控制面板，例如，"图层"面板、"通道"面板、"色板"面板、"样式"面板、"路径"面板和"动作"面板等，都可以通过选择"窗口"菜单中的命令来添加。很多面板都具有菜单，其中包含特定于面板的选项，可以对面板进行编组、堆叠或停放等操作。利用这些控制面板可以对当前图像的色彩、大小显示、样式以及相关的操作等进行设置和控制。

图像窗口右侧的小窗口称为浮动面板或控制面板，主要用于配合图像编辑和 Photoshop 的功能设置。

可以将控制面板转换为"折叠为图标"按钮，便于使用与展开。

4. 标题栏 / 菜单栏

Photoshop CS6 将标题栏和菜单栏放置在一起，从视觉上可以使桌面增大。

标题栏显示该应用程序的名称（即 Adobe Photoshop CS6），其右上角的 3 个按钮从左到右依次为"最小化"、"最大化"和"关闭"按钮，分别用于缩小、放大或关闭应用程序窗口。

使用菜单栏中的菜单可以执行 Photoshop CS6 中的许多命令，在该菜单栏中共有 11 项，每个菜单都有一组特有的命令。

5. 属性栏

属性栏是 Photoshop CS6 中重要的参数设置栏。工具箱的每一个工具都一一对应着不同的参数，合理地设置参数是熟练掌握 Photoshop CS6 的前提。

6. 工具箱

工具箱显示在屏幕左侧，其中的一些工具会在上下文相关选项栏中提供一些选项。通过这些工具，可以使用文字、选择、绘画、绘制、取样、编辑、移动、注释和查看图像功能。其他工具可更改前景色 / 背景色、转到 Adobe Online，以及在不同的模式中工作。可以展开某些工具以查看其后隐藏的工具。将鼠标指针放在任意工具上，可查看有关该工具

的信息。工具的名称将出现在指针下面的
工具提示中。一些工具提示包含指向有关
该工具的附加信息的链接。

如图 1-29 所示，其中一些工具的右
下角带有黑色三角标记，表示此为一组工
具，单击该标记即可在弹出的工具组中选
择不同的工具。

1.6 控制面板的显示与隐藏

选择"窗口"菜单命令，在弹出的
下拉菜单中包含 Photoshop CS6 所有控制
面板的名称，如图 1-30 所示。其中左侧
带有"√"符号的命令表示该控制面板已
经在工作区中，如"工具"面板、"图层"
面板、"选项"面板和"颜色"面板等。
选择带有"√"符号的命令可以隐藏相应
的控制面板。左侧不带有"√"符号的命
令表示该控制面板未显示在工作区中，如
"路径"面板、"色板"面板和"通道"面
板等。选择不带有"√"符号的命令可以
使该控制面板显示在工作区中，同时该命
令左侧将显示"√"符号。

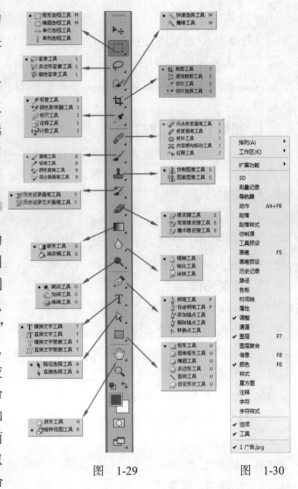

图 1-29　　　　图 1-30

控制面板显示在工作区之后，每一组控制面板都有两个以上的选项卡。例如，"颜色"
面板包括"颜色"、"色板"和"样式"3 个选项卡，分别选择则可以显示各自的控制面板，
这样可以快速地选择和应用需要的控制面板。反复按 Shift+Tab 键，可以将工作界面中的
控制面板在显示和隐藏之间切换。

1.7 新建、打开与保存文件

文件的新建、打开和保存是 Photoshop 软件的基本操作，合理地设置、安排文件有利
于管理文件。

1.7.1 新建文件

选择"文件"→"新建"命令（Ctrl+N 键），弹出"新建"对话框，如图 1-31 所示。

Photoshop CS6的基本操作 Chapter 01

Chapter 01

Chapter 02

Chapter 03

Chapter 04

Chapter 05

Chapter 06

Chapter 07

Chapter 08

Chapter 09

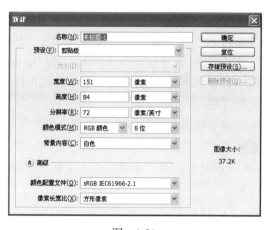

图　1-31

其参数意义介绍如下。

- 名称：可以根据设计需要命名，便于查找。默认情况下为"未标题-1"。
- 预设：在其下拉列表中可以选择所需文件的幅面大小，如 A5、B4 等，如果想设置任意尺寸，则选择"自定"选项即可。
- 宽度和高度：在确定二者大小时，首先要确定单位，即单击右侧的单位选项选择单位，包括"像素"、"英寸"、"厘米"和"毫米"等。
- 分辨率：用于设置新建文件的分辨率，其单位有"像素/英寸"和"像素/厘米"。分辨率的大小决定文件的质量，建议学习阶段分辨率设置为 72 像素/英寸即可。
- 颜色模式：根据设计作品的最终需要选择色彩模式。通常选择 RGB 颜色、CMYK 颜色模式或 8 位通道模式。
- 背景内容：用于设置新建文件的背景层颜色，通常设置为白色。
- "高级"按钮：单击此按钮将显示"颜色配置文件"和"像素长宽比"两个高级选项，通常保持其默认状态即可。

1.7.2　打开文件

　　选择"文件"→"打开"命令（Ctrl+O 键），弹出"打开"对话框，如图 1-32 所示，可以依照此对话框打开计算机中保存的不同格式的文件（在"文件类型"下拉列表框中可以选择 PSD、BMP、TIF、JPEG 和 TGA 等类型）。

　　在打开图像文件之前，首先要知道文件的名称、格式和保存路径，只有这样才能顺利打开文件。

　　"打开"对话框中各项的功能介绍如下。

- 查找范围：单击此下拉列表框，可在弹出的下拉列表中选择要打开的图像

图　1-32

文件的路径。

- "转到访问的上一个文件夹"按钮 ：可以切换到最后一次打开该对话框时的文件夹。如果打开该对话框后没有访问过其他文件夹，则此按钮不可用。
- "向上一级"按钮 ：可以回到上层文件夹，当"查找范围"下拉列表框中显示为"桌面"时，此按钮不可用。
- "创建新文件夹"按钮 ：可以在当前目录下新建一个文件夹。
- "查看菜单"按钮 ：决定"打开"对话框中的文件以何种形式显示。单击此按钮，可以在弹出的下拉列表中选择"缩略图"、"平铺"、"图标"、"列表"和"详细信息"选项。
- "收藏夹"按钮 ：可以将经常浏览的目录保存在列表中，以后需要时可直接调用。单击此按钮，可执行"添加到收藏夹"和"移去收藏夹"命令。
- 文件名：显示当前所选择文件的名称。
- 文件类型：用以显示 Photoshop 可以打开的文件类型。

1.7.3 保存文件

在 Photoshop CS6 中，文件的保存主要包括"存储"和"存储为"两种方式。当新建的文件第一次保存时，"存储"、"存储为"命令的功能相同，都是将当前文件命名后保存，并弹出如图 1-33 所示的对话框。

将打开的图像文件编辑后重新保存时，"存储"、"存储为"命令的意义就不同。选择"存储"命令是在覆盖原文件的基础上直接进行保存，不弹出对话框，选择"存储为"命令仍会弹出对话框，在原文件不变的基础上将编辑后的文件重新命名保存。

1. TIFF 格式

TIFF 格式是桌面出版系统中最常用、最重要的文件格式，也是通用性最强的位图图像格式，MAC 和 PC 系统的设计类软件都支持 TIFF 格式。在印刷品设计制作要求中，如果没有特殊要求，绝大多数图像文件均存储为 TIFF 格式。

在 Photoshop CS6 中存储为 TIFF 格式时，系统会提示是否对存储的图像进行压缩。若用于印刷图像，则选择不压缩（NONE）或选择 LZW 格式压缩。LZW 压缩方式能有效地降低图像的文件量，最重要的是其图像信息没有损失，而且可以直接输入到其他软件中进行排版。当选择 TIFF 格式时，其选项如图 1-34 所示。

TIFF 格式是跨平台的通用图像格式，不同平台的软件均可对来自另一平台的 TIFF 文件进行编辑。如 PC 平台的 Photoshop CS6 就可以直接打开 MAC 平台的 TIFF 文件进行编辑处理。

2. JPEG 格式

JPEG 是一种图像压缩文件格式，也是目前应用最广泛的图像格式之一。JPEG 格式在存储过程中有多种压缩比供选择，当选择 JPEG 格式时，其选项如图 1-35 所示。

JPEG 格式是一种有损压缩格式，当压缩比太大时，文件质量损失较大，如细节处模糊、颜色发生变化等。JPEG 格式的文件一般不用于印刷，很多排版软件也不支持 JPEG 文件的分色，但在网页制作方面被广泛应用。

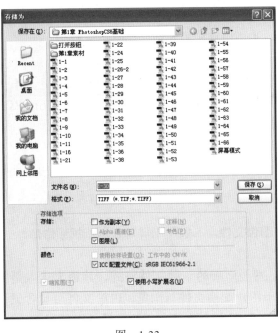

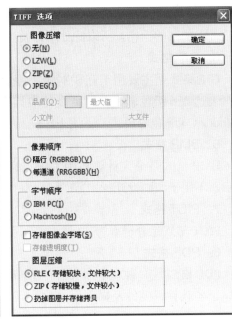

图　　1-33　　　　　　　　　　　　　　　图　　1-34

3. PSD（PDD）格式

PSD（PDD）格式是 Photoshop 软件独有的文件格式，只有 Photoshop 才能打开、编辑（也可以跨平台使用），其特点是可以包含图像的图层、通道和路径等信息，支持各种色彩模式和位深。缺点是文件较大，不支持压缩。当选择 PSD（PDD）格式时，其选项如图 1-36 所示。

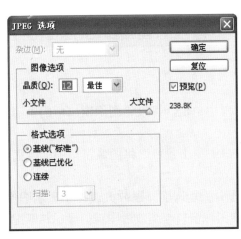

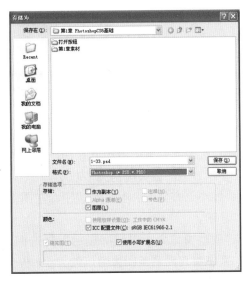

图　　1-35　　　　　　　　　　　　　　　图　　1-36

4. EPS 格式

EPS 格式也是桌面出版过程中常用的文件格式之一，比 TIFF 文件格式应用更广泛。TIFF 格式是单纯的图像格式，而 EPS 格式也可用于文字和矢量图形的编码。最重要的是

EPS 格式可包含挂网信息和色调传递曲线的调整信息（实际操作过程中，一般不采用在图像软件中加网的操作，所以此处不再赘述），也可以直接置入到 InDesign 软件中。

5. GIF 格式

GIF 格式是主要用于互联网的一种图像文件格式。GIF 图像通过 LZW 压缩，只有 8 位，表达 256 级色彩，在网页设计中具有文件量小、显示速度快等特点，但只支持 RGB 和 Index Color 色彩模式，不用于印刷品的制作中。

6. BMP 格式

BMP 格式是个人计算机中 DOS 和 Windows 系统的标准文件格式，一般只用于屏幕显示，不用于印刷设计。

7. PICT 格式

PICT 格式是分辨率为 72 像素 / 英寸的图像文件，一般用于屏幕显示或视频影像。

8. PDF 格式

PDF 格式是一种在 PostScript 的基础上发展而来的一种文件格式，其最大优点是能独立于各软件、硬件及操作系统之上，便于用户交换文件与浏览。PDF 文件可包含矢量图形、点阵图像和文本，并且可以进行链接和超文本链接。PDF 文件可以通过 Acrobat Reader 软件阅读。PDF 文件在桌面出版中，是跨平台交换文件的最好格式，可有效解决跨平台交换文件时出现的字体不对应问题。目前桌面出版领域的应用软件均可存储或输出 PDF 格式的文件。PDF 文件格式将是未来印刷品设计制作过程中应用最普遍的文件格式。

1.8 图像的缩放

缩放工具可以将图像成比例地放大或缩小显示，方便细致地观察或处理图像的局部细节。激活该工具，其属性栏如图 1-37 所示。

图　1-37

其中各项功能说明如下。

- "放大" 按钮：激活此按钮，在图像窗口中单击，可以将图像窗口中的画面放大显示，最高放大级别为 1600%。
- "缩小" 按钮：激活此按钮，在图像窗口中单击，可以将图像窗口中的画面缩小显示。
- "调整窗口大小以满屏显示" 复选框：选中此复选框，则放大或缩小显示图像时，系统将自动调整图像窗口的大小，从而使图像窗口与缩放后图像的显示相匹配；如果不选中此复选框，则放大或缩小显示图像时，只改变图像的显示大小，而不改变窗口大小。
- "缩放所有窗口" 复选框：当工作区中打开了多个图像窗口时，选中此复选框，缩放操作可以影响到工作区中所有图像窗口，即同时放大或缩小所有的文件。
- "实际像素" 按钮：单击此按钮，可以使图像以实际像素显示，即 100% 显示效果。

- "适合屏幕"按钮：单击此按钮，可以使图像适配至屏幕显示，即满屏显示效果。
- "填充屏幕"按钮：单击此按钮，可以使图像缩放以适合屏幕。
- "打印尺寸"按钮：单击此按钮，可以将图像以实际打印效果显示。

1.9 屏幕显示模式

在 Photoshop CS6 中提供了 3 种显示模式，分别为"标准屏幕模式"、"带有菜单栏的全屏模式"和"全屏模式"，如图 1-38 所示。按 F 键可以在各种模式之间切换。在"带有菜单栏的全屏模式"和"全屏模式"下，按 Shift+F 键可以切换是否显示菜单栏。

- 标准屏幕模式：系统默认的屏幕显示模式，即图像文件刚打开时的显示模式。

图　1-38

- 带有菜单栏的全屏模式：选择此选项可以切换到带有菜单栏的全屏模式，此时工作界面中的标题栏、状态栏以及除当前图像文件之外的其他图像窗口将全部隐藏，并且当前图像文件在工作区中居中显示。
- 全屏模式：选择此选项，可以切换到全屏模式，此时工作界面在隐藏标题栏、状态栏以及其他图像窗口的基础上，将菜单栏也一起隐藏。

1.10 计算机图形图像常用的色彩模式

前文曾简单地提到过图像的色彩模式问题，由于大多数设计作品，尤其是平面设计作品最终是通过印刷来表现的，因此有必要再重点讲述一下。

在印刷品的设计与制作过程中，必须了解不同的色彩模式对最终的印刷品产生的影响。比较典型的例子就是选择了错误的图像色彩模式，而导致设计过程中是彩色的图像，而印刷出的成品却是黑白的。所以，在设计印刷品时，色彩模式的正确转换是至关重要的（其转换菜单如图 1-39 所示）。下面就几种平面设计中常用的色彩模式作详细介绍。

1. RGB 模式

RGB 模式是一种色光表色模式，广泛用于日常生活中，如电视、计算机显示器上的图像都是以 RGB 的色彩模式显示的。印刷时的图像扫描，扫描仪在扫描时首先提取的就是原稿图像的 RGB 色光信息。电视、显示器、网页和多媒体光盘显示的图像一般采用 RGB模式。RGB 3 种颜色的取值范围是 0 ～ 255。

2. CMYK 模式

CMYK 模式实质指的是再现颜色时印刷的

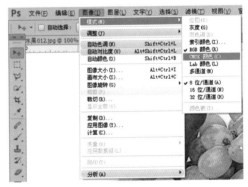

图　1-39

C、M、Y、K 网点的大小，其与印刷用的 4 个色版是对应的，CMYK 色彩空间对应着印刷的四色油墨。对于设计人员来说，CMYK 色彩模式是最熟悉不过的，因为在进行印刷品的设计时，有一项必做工作就是将其他色彩模式的图像转换成 CMYK 模式。如果图像的颜色模式未把 RGB 色彩模式转换成 CMYK 模式，就会导致彩色图像被印成黑白图像的错误。如图 1-40 所示为同一张照片的 RGB 模式与 CMYK 模式的对比，二者的视觉效果在显示器中差别不大（CMYK 模式略微发灰），在排版时，两张图片均为彩色图片，但是在印刷完成后则 RGB 模式图像为黑白图像，CMYK 模式图像为彩色图像，分别如图 1-41 和图 1-42 所示。

图 1-40

图 1-41

图 1-42

3. Grayscale 模式

Grayscale 模式为灰度模式，使用 256 级的灰度来表示白、灰、黑的层次变化，0 代表黑色，255 代表白色。Grayscale 模式没有其他颜色信息，只有亮度信息，即只有颜色的明暗变化。

在 Photoshop 软件中，图像从 RGB 或 CMYK 色彩模式转换成 Grayscale 模式，就丢失了图像的颜色信息，只剩下图像颜色间明暗的变化（系统会给出提示，如图 1-43 所示）。如果再从 Grayscale 模式转换成 RGB 或 CMYK 模式，将无法恢复成彩色图像。

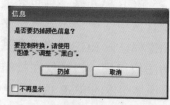

图 1-43

4. Bitmap 模式

Bitmap 模式即黑白色彩模式。用黑、白（非黑即白）代表颜色，这种模式在计算机中只有 1 位（bit）的深度，主要用于表示黑白文字及线条。

5. Lab 模式

Lab 是人类视觉的颜色空间，依照视觉唯一的原则，在色空间内相同的移动量在视觉上造成的色彩改变是一样的。Lab 空间是与设备无关的色空间，能产生与各种设备匹配的颜色，如显示器、印刷机、打印机等的颜色，并能作为中间色实现各种设备间的颜色转换。L 表示亮度，a 表示色调从红到绿的变化，b 表示色调从黄到蓝的变化。L 定为正值；a 为正值，表示的颜色为红色，a 为负值，表示颜色为绿色；b 为正值，表示颜色为黄色，b 为负值，表示颜色为蓝色。计算机中 L 值的范围为 0 ~ 100，a 值的范围为 -128 ~ 127，b 值的范围也为 -128 ~ 127。

6. Index Color 模式

Index Color 模式用 8bit 的一个颜色通道来表达彩色图像，该颜色通道只有 256 色。Index Color 模式的图像一般常用于网页设计。

以上各种颜色模式，在平面设计中最常用的就是 CMYK 模式，因为平面设计作品大部分最终要成为印刷品，即设计内容要通过色料的形式来表现，而 CMYK 模式正是色料的色彩模式，所以设计作品在输出制版时首先要将其他颜色模式转换成 CMYK 模式才能保证实现正确的输出。

7. 色域空间

在设计过程中，将一个图片从 RGB 模式转换成 CMYK 模式时，一般会出现颜色上的变化，如原本鲜艳的图像变得灰暗，这是由于各种色彩模式的色域空间不同造成的。

色域空间指一个色彩模式所能表示的所有颜色的色彩范围。自然界中的可见光谱的色域空间最大，在上述介绍的色彩模式中，Lab 色域空间最大，包含了 RGB、CMYK 模式中所有的颜色。RGB 色域空间比 CMYK 色域空间大，所以在 RGB 转换成 CMYK 的过程中，有些颜色超出了 CMYK 的色域空间，而出现了色彩的变化。

在 Photoshop 中，如果所选颜色超出了色域空间，系统会做出提示，如图 1-44 所示。

作为一名设计师，在色彩的选择与应用方面，应充分认识到不同色彩模式的色域空间给最终的作品带来的色彩误差。在用色时，应尽量避免使用饱和度、明度很高的色彩，以保持屏幕上作品的色彩与最终成品的色彩的高度一致，从而减少与客户在色彩方面的分歧。

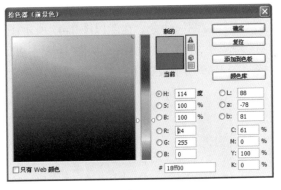

图　1-44

8. 色彩模式的应用

将图像从一种模式转换为另一种模式，会永久性地改变图像中的颜色值。打开一幅图像后，在进行色彩处理前先检查色彩模式，应将色彩模式转换成 Lab 或 RGB 模式。通常在进行图像处理时用 Lab 模式或 RGB 模式，而在打印时将其转换成 CMYK 模式。从彩色转换成黑白或双色模式时应先转换成灰度模式。有些工具和滤镜在除 Lab 和 RGB 以外的某些色彩模式中不能使用，因此在转换图像之前，最好执行以下操作：

- 在原图像模式下，进行尽可能多的工作（通常 RGB 图像从大多数平板扫描仪中获得，CMYK 图像从传统的滚筒扫描仪中获得）。

- 在转换前保存一个备份。为了能在转换之后编辑原来的图像，一定要保存包含所有图层在内的图像备份。
- 在转换之前拼合文件。当模式更改时，图层的混合模式间的颜色相互作用也将改变。

（1）将图像模式改为灰度模式

打开一幅彩色图像，如图 1-45 所示，选择"图像"→"模式"命令，如图 1-46 所示，在其弹出的子菜单中可以发现其中许多命令呈现灰色，表明不可用；选择其中的"灰度"命令改变模式，即可将源图更改为由黑色、白色和灰色组成的图像。

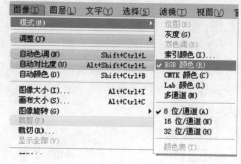

图 1-45   图 1-46

（2）将图像模式改为位图模式

若要从彩色模式转换成位图模式，首先应先转换成灰度模式，然后选择"图像"→"模式"→"位图"命令。在此以图 1-47 所示图像作为源图，选择"图像"→"模式"→"位图"命令，如图 1-48 所示（从图 1-48 中可以看到原来不可执行的命令变成可执行命令）。按照图 1-49 所示设置相应参数后单击"确定"按钮，效果如图 1-50 所示。

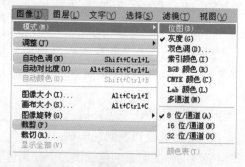

图 1-47   图 1-48

图 1-49   图 1-50

（3）将图像模式改为索引色

将图像色彩模式转换为索引色模式，会丢失图像中大部分的颜色信息，仅保留 256 色。将 RGB 图像转换为索引颜色后，用户可以编辑该图像的颜色表，或将其输入到仅支持 8 位颜色的应用程序。这种转换也通过删除图像的颜色信息来减小文件大小。下面将以实例说明。

① 打开图像，如图 1-51 所示，选择"图像"→"模式"→"灰度"命令，弹出如图 1-52 所示的对话框，单击"扔掉"按钮，效果如图 1-53 所示。

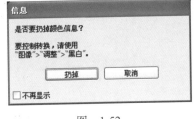

图 1-51 　　　　　　　　　　图 1-52 　　　　　　　　　　图 1-53

② 选择"图像"→"模式"→"索引颜色"命令，再选择"自定义"选项，在弹出的"颜色表"对话框中设置如图 1-54 所示的参数，单击"确定"按钮，效果如图 1-55 所示。

③ 选择"图像"→"模式"→"RGB 颜色"命令即可完成转换。

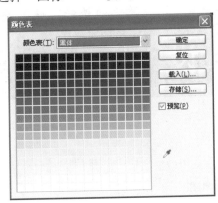

图 1-54 　　　　　　　　　　　　图 1-55

思考题

（1）正确理解位图、矢量图及二者之间的关系。

（2）正确理解像素、分辨率，掌握实际工作中分辨率设置的方法。

（3）熟悉各类色彩模式对实际工作的重要性。

Chapter

02

平面设计

本章内容

2.1 平面设计概述

"设计"一词来源于英文 Design，设计的范围很广，如工业、环艺、装潢、展示、服装和平面设计等，而平面设计概念的表述却很难统一，因为现在学科之间的交错更广、更深，传统的定义，例如，现行的叫法"平面设计（Graphics Design）"、"视觉传达设计"、"装潢设计"等，这也许与平面设计的特点有很大的关系。

设计是有目的的策划，平面设计是策划形式之一，在平面设计中需要用视觉元素来传播作者的设想和计划，用文字和图形把信息传达给受众，让人们通过这些视觉元素了解设计者的设想和计划，这才是设计的定义。一个视觉作品优秀与否，应该看它是否具有感动他人的能量，是否能顺利地传递出背后的信息，事实上这更像人际关系学，依靠魅力来征服对象。

设计是科技与艺术的结合，是商业社会的产物，在商业社会中需要艺术设计与创作理想的平衡，需要客观与克制。

设计与美术不同，因为设计既要符合审美性又要具有实用性、以人为本，设计是一种客观需要而不仅仅是装饰。

设计师必须具有科学的思维方法，能在相同中找到差别，能在不同当中找到共同之处，能运用各种思维方法，如纵向关联思维和横向关联思维以及发散式的思维，善于运用科学的思维方式找到奇特的、新的视觉形象，才能不断发现新的可能。

设计没有完成的概念，设计需要精益求精，不断地完善；需要挑战自我，向自己宣战。设计的关键之处在于发现，只有不断通过深入地感受和体验才能做到，打动别人对设计师来说是一种挑战。设计要让人感动，足够的细节本身就能感动人，图形创意本身能打动人，色彩品位能打动人，材料质地能打动人……把设计的多种元素进行艺术化组合（见图 2-1）。

图　2-1

1. 平面设计分类

目前常见的平面设计项目，可以归纳为十大类：网页设计、包装设计、DM 广告设计、海报设计、平面媒体广告设计、POP 广告设计、样本设计、书籍设计、刊物设计和 VI 设计。

2．平面设计的定义

平面设计是将不同文字、色彩和图形等视觉元素，按照一定的规则在平面上组合成图案，主要表现在二度空间范围之内。平面设计所表现的立体空间感，并非实在的三度空间，而仅仅是图形对人的视觉引导作用形成的幻觉空间，如图 2-2 和图 2-3 所示。

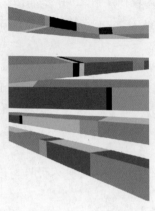
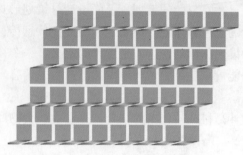

图 2-2   图 2-3

3．平面设计的常用术语

- 和谐：从狭义上理解，和谐的平面设计是统一与对比两者之间不是乏味单调或杂乱无章的。广义上理解，是在判断两种以上的要素，或部分与部分的相互关系时，各部分给受众的感觉和意识是一种整体协调的关系。
- 对比：又称对照，把质或量反差很大的两个要素成功地搭配在一起，使人感觉鲜明强烈而又具有统一感，使主体更加鲜明、作品更加活跃。
- 对称：假定在一个图形的中央设定一条垂直线，将图形分为相等的左右两个部分，其左右两个部分的图形完全相等，这就是对称图。
- 平衡：从物理上理解是指重量关系，在平面设计中指的是根据图像的形量、大小、轻重、色彩和材质的分布作用与视觉判断上的平衡。
- 比例：是指部分与部分，或部分与全体之间的数量关系。比例是构成设计中一切单位大小，以及各单位间编排组合的重要因素。
- 重心：画面的中心点就是视觉的重心点，画面图像轮廓的变化、图形的聚散、色彩的面积或明暗的分布都可对视觉中心产生影响。
- 节奏：节奏具有时间感，用于在构成设计上指以同一要素连续重复时所产生的运动感。
- 韵律：平面构成中单纯的单元组合重复易于单调，由有规律变化的形象或色群间以数比、等比处理排列，使之产生音乐的旋律感，称为韵律。

4．平面设计的元素

平面设计从广义上讲包括概念元素、视觉元素、关系元素和实用元素。

- 概念元素：所谓概念元素是那些不实际存在的、不可见的，但人们的意识又能感觉到的东西。例如，看到尖角的图形，能感到上面有点，物体的轮廓上有边缘线。概念元素包括点、线、面。
- 视觉元素：概念元素通常是通过视觉元素体现的，视觉元素包括图形的大小、形状和色彩等。

- 关系元素：视觉元素在画面上如何组织、排列，是由关系元素来决定的，包括方向、位置、空间和重心等。
- 实用元素：指设计所表达的含义、内容、设计的目的及功能。

2.2 形式美的规律

"形式美"是美学名词，即客观事物和艺术形象在形式上（外表所呈现）的美。绘画中的线条、色彩，工艺美术造型、纹饰，音乐的音调、旋律等都是美的。只有美的形式才能表现出美的内容。但是，承认和强调形式的美，不等于形式主义者所说的美只在形式，与内容无关。

形式相对内容来说，有本质的和非本质的形式，有直接表达和间接表达的形式。形式有它相对独立的因素。内容决定形式，形式反作用于内容。在现实的设计中要认真对待这种"反作用"，利用这种"反作用"，使设计不受直接表达的限制，创造出更新颖的艺术形式。

设计的形式美应是一种特殊的艺术形式。它能显示出一种力量。自然形态的美，不能直接地为运用提供适应的条件，必须通过艺术的手段改造自然形态，才能发挥其独特的作用。因而，形象越高度概括，形式也就越鲜明。通过对自然的提炼、精简、单纯化把形象高度地概括起来，使其典型化。这些概括所表现出来的就是形式。形式美有自身的法则和规律。找到了美的规律、美的法则，将有利于造形设计及形式美的创造了。

变化与统一是应用美术设计的总规律。

1. 变化

变化是指性质相异的图形要素并置在一起所产生的显著对比的感觉。变化处理得当，画面显得对比有致、生动活泼；处理不得当，画面则显得杂乱无章，没有秩序，如图 2-4 所示。

2. 统一

统一是指由性质相同或相似的图形要素并置在一起所产生的一致的感觉。统一在画面中产生一致、完整、规律、秩序、和谐的效果，但如处理得不当，画面会显得呆板、单调，如图 2-5 所示。

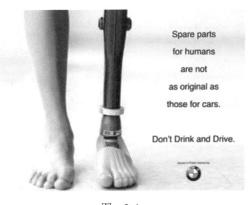

图　2-4

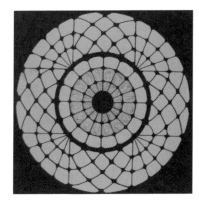

图　2-5

任何设计作品都是由这两种关系构成，只不过两者在画面中的侧重表现有所不同。有的是统一在画面占主导地位，有的是对立在画面中占统治位置。变化与统一在任何时候都是相对的。在具体的设计中应是在变化中求统一，或在统一中求变化。变化使画面生动、有生气；统一使画面完整、和谐。画面统一与变化的具体表现形式有以下几种样式。

- 形的变化：大小、曲直、粗细和长短等。
- 色的变化：浓淡、冷暖、明暗和强弱等。
- 构图的变化：疏密、虚实、高低和不对称等。
- 形的统一：类似形、相似形的要素等。
- 色的统一：同类色、同种色等。
- 构图的统一：对称、平排和复排等。

形式美的规律，以"多样性的统一"为最高原则，使复杂多样性统一为整体，如图2-6所示。

图 2-6

2.3 形式美的基本法则

形式美是一种具有相对独立性的审美对象，与美的形式之间有质的区别。美的形式是体现合乎规律性、目的性的本质内容的那种自由的感性形式，也就是显示人的本质力量的感性形式。形式美与美的形式之间的重大区别表现在：首先，二者所体现的内容不同。美的形式所体现的是所表现事物本身的美的内容，是确定的、个别的、特定的、具体的，并且美的形式与其内容的关系是对立统一、不可分离的。而形式美则不然，形式美所体现的是形式本身所包容的内容，与美的形式所要表现的那种事物美的内容是相脱离的，而单独呈现出形式所蕴有的朦胧、宽泛的意味。其次，形式美和美的形式存在方式不同。美的形式是美的有机统一体不可缺少的组成部分，是美的感性外观形态，而不是独立的审美对象。形式美是独立存在的审美对象，具有独立的审美特性。

随着科技文化的发展，对美的形式法则的认识将不断深化。形式美法则不是僵死的教条，要灵活体会、灵活运用。

按照"多样性的统一"原则，常见的形式法则有以下几种。

1. 对称与不对称

对称的形态在视觉上有自然、安定、均匀、协调、整齐、典雅、庄重、完美的朴素美感，符合人们的视觉习惯。

对称分为均齐式和相对均齐式两类。均齐式指在一条中心线或中心点左右、上下或四面配置同形、同色、同量的图形所组成的形式。相对均齐式是指在一条中心线或中心点的左右、上下或四周配置不同形（或不同色）的相似或量相同的图形组成的形式，如图2-7所示。

图 2-7

不对称分为均衡与非均衡两类。对称与不对称是针对图形占据空间位置的状况而言的。

2. 节奏与韵律

节奏原为音乐术语。在设计中节奏是指在图形变化中所做的有秩序的间歇运动，是条理与反复组织规律的具体体现。节奏是以一个或一组图形作反复、有条理、有规律的排列所形成的，是在运动的快慢中求得变化，而运动形态中的间歇所产生的停顿能使图形体现得更加突出。节奏的美反映在连续或形态并列的起伏变化中，停顿点形成了单元、主体、疏密、断续、起伏的节拍，构成了有规律的美的形式。韵律是一种和谐美的格律，韵是一种优美的情调和音色，律是规律。它要求这种美的音韵在严格的旋律中进行。韵是音节的基调，既有变化又有协调，形于法中意于法外，是形式美的一种典范，是"多样性统一"的体现，如图 2-8 和图 2-9 所示。

图　2-8　　　　　　　　　　　　　　　　　　　图　2-9

3. 均衡与不均衡

均衡指在画中相同或不同的图形要素在画面分布的一种稳定、平衡的视觉效果。不均衡是均衡的反面，指相同或不同的图形要素在画面分布中的一种不稳定、不平衡的分布视觉效果，如图 2-10 和图 2-11 所示。

图　2-10　　　　　　　　　　　　　　　　　　　图　2-11

4. 比例与尺度

比例与尺度是构成美的重要因素，要求结构严谨，适应生产；同时一切事物都有一定的比例与尺度，所以说设计是对比例与尺度的调整。比例是指事物与物或物体局部所产生的尺度、分量关系。比例不是孤立的，而是在比较中显示出来。不同的比例产生不同的感觉，画面中通过不同的比例对比产生巨大的、渺小的、宽广的、高耸的或狭窄的感觉。任何形式都有比例，但并非任何形式的比例都是美的，因此要通过对比、夸张来突出美感，如图 2-12 所示。

设计中的造型比例虽来自于自然，但不拘泥于自然，它可以按作者的艺术构思，跨时空地进行比例夸张、调整和强化，使形式美感更为突出。比例与尺度有一个公认的美的比例是黄金比（1:1.618）与黄金矩形。

图　2-12

5. 空间与分割

分割是将画面分出各种不同的面积和空间，是达到形式美的构成方法。没有分割，就不可能组成美的形式。分割画面是经营位置——构图、构成的手段。通过画面的分割，来达到面积大小的安排、对比和调和。分割即为空间的重新组成，也是从空间的运用来看形式美。造型设计活动中，单纯的形态设计是不能达到完美效果的。只有画面的分割组合，才能形成新的美感形式的空间，如图 2-13 所示。

6. 联想与意境

平面构图的画面通过视觉传达而产生联想，达到某种意境。联想是思维的延伸，由一种事物延伸到另外一种事物上。

例如，图形的色彩，红色使人感到温暖、热情和喜庆；绿色则使人联想到大自然、生命和春天，从而使人产生平静感、生机感等。

各种视觉形象及其要素都会使人产生不同的联想与意境，由此而产生的图形的象征意义作为一种视觉语义的表达方法被广泛地运用在平面设计构图中，如图 2-14 所示。

图　2-13

图　2-14

思考题

（1）正确理解平面设计的术语。

（2）掌握形式美的规律与形式美的基本法则。

Chapter 03

字体设计

本章内容

3.1 字体设计概述

文字是人类文明的重要组成部分。无论在何种视觉媒体中，文字和图片都是其两大构成要素。文字排列组合的好坏，直接影响版面的视觉传达效果。因此，文字设计是增强视觉传达效果，提高作品的诉求力，赋予版面审美价值的一种重要手段。文字设计的效果如图 3-1 和图 3-2 所示。

在计算机普及的现代设计领域，文字的设计工作很大一部分由计算机代替人脑完成了。但设计作品所面对的观众始终是人而不是机器，因而，在一些需要涉及人思维的方面，计算机是不可替代人脑来完成的，例如，创意、审美之类。

文字是记录语言的符号，是视觉传达情感的媒体。文字是以"形"的方式体现，表达意思，传达感情。文字利用其形，通过音来表达意义。意美以感心，音美以感耳，形美以感目。字体设计既体现出字意，又使之富于艺术魅力。文字是人类文明进步的主要工具，它在社会生活中起着交流情感、传递信息、记录历史、描述现实和揭示未来等语义的表达作用。

字体设计是运用装饰性手法美化文字的一种书写艺术和艺术造型活动。对文字进行完美的视觉感受设计，将大大增强文字的形象魅力，在现代视觉传达设计中被广泛地应用，强烈的视觉冲击效果能引起人们的关注。字体设计是现代平面设计的重要组成部分，其设计的优劣与设计者的艺术修养、学识经验等方面因素有关。通过不同的途径扩大艺术视野，充分发挥设计者的艺术想象力，以达到较完美的艺术视觉效果，如图 3-3 所示。

图　3-1　　　　　　　　　　图　3-2　　　　　　　　　　图　3-3

3.2 字体设计范围

字体设计范围包括字形的选择、文字编排、文字装饰、文字形象和文字意义等内容。

3.3 字体设计原则

可读性、艺术性和思想性是字体设计的 3 条基本原则，艺术性较强的字体应该不失易读性，又要突出内容性，因此在设计字体时应该注意下面几个问题。

1. 文字的可读性

文字的主要功能是在视觉传达中向大众传达作者的意图和各种信息，要达到这一目的必须考虑文字的整体诉求效果，给人以清晰的视觉印象。因此，设计中的文字应避免繁杂凌乱，使人易认、易懂，切忌为了设计而设计，忘记了文字设计的根本目的是为了更好、更有效地传达作者的意图，充分表达设计的主题和构想意念，如图 3-4 所示体现了文字的可读性。

2. 字体风格应统一

字体设计是文字的美化和装饰。要注意字体的形式美感变化，使其富有艺术的感染力。不仅每个单字造型要优美和谐，还要注意整体字体组合后的风格要和谐统一，如图 3-5 所示。

图 3-4   图 3-5

文字的设计要服从于作品的风格特征，不能和整个作品的风格特征相脱离，更不能相冲突，否则就会破坏文字的诉求效果，如图 3-6 所示。

3. 在视觉上应给人以美感

在视觉传达的过程中，文字作为画面的形象要素之一，具有传达感情的功能，因而必须具有视觉上的美感，能够给人以美的感受。字形设计良好，组合巧妙的文字能使人感到愉快，留下美好的印象，从而获得良好的心理反应，如图 3-7 所示。反之，则使人看后心情不愉快，视觉上难以产生美感，甚至会让观众拒而不看，这样势必难以传达出作者想表现出的意图和构想。

图 3-6   图 3-7

4. 在设计上要富有创造性

根据作品主题的要求，突出文字设计的个性色彩，创造与众不同的独具特色的字体，给人以别开生面的视觉感受，有利于作者设计意图的表现。设计时，应从字的形态特征与组合上进行探求，不断修改，反复琢磨，这样才能创造出富有个性的文字，使其外部形态和设计格调都能唤起人们的审美愉悦感受，如图 3-8 所示。

5. 思想性

思想性指的是文字的内容方面，字体设计离不开文字本身的内容要求，要从文字内容出发，做到准确、生动地体现，不可出现削弱文字的传达意义和文字的思想内涵的倾向。离开具体内容要求的字体设计是空洞、徒劳的。如图 3-9 所示的设计效果即可体现出思想性。

图　3-8　　　　　　　　　　　　　　　　图　3-9

3.4　图层的基本知识

图层是利用 Photoshop 进行创作时最基础、最重要，使用最广泛的功能，每一幅图像的处理都离不开图层的合理利用，因此灵活地运用图层可以提高创作速度和效率，还可以制作出许多特殊的艺术效果。

3.4.1　图层的概念

可以把图层设想为一张一张叠起来的透明胶片，每张胶片上分别绘制了组成这个画面的各个部分，当把每个胶片都重叠，从上到下俯视所有胶片时就能形成图像的显示效果。选择"窗口"→"图层"命令，打开"图层"面板。如图 3-10 所示为原图、"图层"面板和分解图。

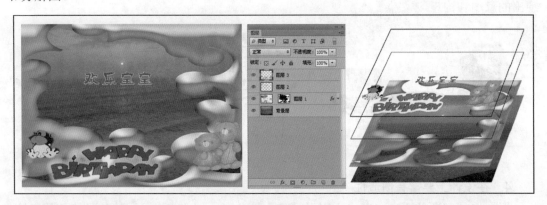

图　3-10

在图 3-10 中可以发现图层与图层之间在没有涂上色彩的地方永远是透明的。

为什么要建立图层呢？在完成一幅作品的设计后，用户发现其中的某个地方不是非常合适，而且必须改正时，只需要将该图层删除并重新绘制即可，而不必从头再来。如图 3-10 中，若感觉卡通图像需要更换，则只需更改"图层 1"即可，如此可以大大节省时间，提高工作效率。

除此之外，Photoshop 为图层赋予许多管理功能，如图层可以任意移动、缩放和复制等，并能对其中的对象制作特殊效果，如图层样式、图层混合模式和图层蒙版等，这些操作不会影响其他图层。

3.4.2 图层的基本操作

1. "图层"面板

选择"窗口"→"图层"命令可以打开"图层"面板。打开如图 3-11 所示的文件，在其图层面板中可以看到创作此图像时涉及的不同图层及每个图层的效果。

图　3-11

每幅作品需要的图层元素及使用的图层效果会有所不同，在此仅是为介绍"图层"面板而选择该图像。

2. "图层"面板中的选项及按钮

- "图层面板菜单"按钮▣：单击此按钮，可以弹出"图层"面板的下拉菜单。包括"新建图层"、"删除图层"和"图层样式"等命令。
- "图层混合模式"下拉列表框 正常 ▣：用于设置当前图层中的图像与下面图层中的图像以何种模式进行混合。
- 不透明度：用于设置当前图层中图像的不透明度。数值越小，图像越透明；反之，图像越不透明。
- "锁定透明图像"按钮▣：单击此按钮，可以使当前图层中的透明区域保持透明。
- "锁定图像像素"按钮✎：单击此按钮，在当前图层中不能进行图形、图像的绘制及其他命令操作。
- "锁定位置"按钮✛：单击此按钮，可以将当前图层中的图像锁定而不被移动。
- "锁定全部"按钮▣：单击此按钮，在当前图层中不能进行任何编辑修改操作。
- 填充：用于设置图层中图形填充颜色的不透明度。
- "显示 / 隐藏图层"图标◉：单击此图标，图标中的眼睛将消失，表示此图层处于不可见状态，反之为可见图层。
- 图层缩略图：图层中用于显示本图层的内容缩略图，随该图层中图像变化而同步更新，以便用户查找和在进行图层处理时参考。
- 图层组：图层组是图层的组合，其作用相当于文件夹，主要用于组织和管理图层。

移动或复制图层组时，其包含的内容可以同时被移动或复制。

在"图层"面板的底部有 7 个按钮，分别介绍如下。

- "链接图层"按钮 ⊖ ：通过链接两个或多个图层，可以一起移动链接图层中的内容，也可以对链接图层执行对齐与分布以及合并图层等操作。
- "添加图层样式"按钮 *fx.* ：可以为当前图层中的对象添加各种效果。
- "添加图层蒙版"按钮 □ ：可以给当前图层添加蒙版。如果先在图像中创建适当的选区，再单击此按钮，可以根据选区范围在当前图层上建立适当的图层蒙版。
- "创建新的填充或调整图层"按钮 ●. ：可在当前图层上添加一个调整图层，对当前图层下边的图层进行色调、明暗等颜色效果调整。
- "创建新组"按钮 ▢ ：可以在"图层"面板中创建一个新的序列。序列类似于文件夹，方便图层的管理和查询。
- "创建新图层"按钮 ▣ ：可在当前图层上创建新图层。
- "删除图层"按钮 ▤ ：可将当前图层删除。

3. 图层模式简介

"图层"面板中的模式设置非常重要，合理的设置有利于图层之间效果的展示，包括图 3-12 中的几种模式，分别介绍如下。

图　3-12

- "正常"模式：利用该模式将直接用目标图层的像素代替其下一图层的像素。如果将"不透明度"的值设为 100%，则完全代替；如"不透明度"的值小于 100%，则底层图层的部分像素将会显露出来。
- "溶解"模式：利用该模式能使活动图层上柔化区域内的像素随机地分布，图像中羽化区域和消除锯齿边的部分将 100% 溶解，不透明部分将完全不溶解。
- "变暗"模式：采用该模式可将像素色相值高的图层加深。
- "正片叠底"模式：该模式是把图层按颜色的深浅，对应不同的透明度重叠起来，该模式可将当前图层的值与该图层或其下面图层的像素值叠加在一起，使色彩加深。
- "颜色加深"模式：使用该模式可以产生一种完全暗化的效果，从而得到高对比度的压印效果。
- "线性加深"模式：使用该模式可以产生一种以背景色的主色调为主，使图像颜色加深的渐变效果。
- "深色"模式：使用该模式可以背景色中较深的色调替换图像中相对应的浅色调。
- "变亮"模式：该模式将两图层对应位置的像素色相值进行比较，如果底层图层的像素色相值低，则加亮，与"变暗"模式相反。
- "滤色"模式：采用该模式能够产生一幅比较亮的图像，即将当前层的像素值加到它下面图层的像素值上。

- "颜色减淡"模式：采用该模式可以使图像上每种颜色的亮度都倍增。
- "线性减淡（添加）"模式：使用该模式可以产生一种与"线性加深"模式相反的效果。
- "浅色"模式：使用该模式可以把背景色中较浅的色调替换成图像中相对应的深色调。
- "叠加"模式：在"叠加"模式下，上面的图层中较亮的区域与下面的图层中较亮的区域一起被漂白，较暗的区域被重叠。
- "柔光"模式：采用"柔光"模式将使黑色更黑，白色更白。
- "强光"模式：采用"强光"模式将根据强光图层的颜色重叠较暗的区域，漂白较亮的区域。

"叠加"、"柔光"和"强光"这 3 种模式都是将图层中的暗调颜色加倍变暗，但三者的侧重点不同，"叠加"模式倾向于合成像素，"强光"模式偏向于分层的像素，"柔光"模式则只是相对而言，可呈现对比度较低的效果。

- "亮光"模式：采用该模式能够使画面中的暗部和亮部形成鲜明的对比。
- "线性光"模式：采用该模式产生的效果比"亮光"模式更强烈。
- "点光"模式：采用该模式产生的效果比"线性光"模式更强烈，使图层达到近似透明的效果。
- "实色混合"模式：该模式对于一个图像本身是具有不确定性的。采用该模式后，当前图层图像的颜色会和下一图层图像中的颜色进行混合，通常情况下，混合两个图层以后结果是亮色更亮，暗色更暗，降低填充不透明度能使混合结果变得更柔和。
- "差值"模式：该模式取决于活动图层像素值的大小，活动图层为白色时将完全反相背景色，活动图层为黑色时则完全不反相背景色，处于中间的颜色则按不同程度反相。
- "排除"模式：该模式将活动图层的色泽和饱和度与底图层的亮度结合起来，常用于灰阶图像的彩色化。
- "减去"模式：该模式根据不同的图像，减去图像中的亮部或暗部，与底层的图像混合。
- "划分"模式：该模式将图像划分为不同的色彩区域，与底层图像混合，产生较亮的类似于色调分离后的图像效果。
- "色相"模式：采用"色相"模式保持两个图层的明暗度与饱和度不变，仅影响它们的色调。
- "饱和度"模式：采用"饱和度"模式，上面图层的饱和度将替代下面图层的饱和度。
- "颜色"模式：在"颜色"模式下，明暗度将保持不变，但下面图层的色调与饱和度受上面图层颜色的影响。
- "明度"模式：在"明度"模式下，将保持下面图层的色调与饱和度不变，同时根据上面图层的明暗度影响下面的图层。

4. 图层的操作

（1）新建图层

选择"图层"→"新建图层"命令，将弹出如图 3-13 所示的菜单。

选择"图层"命令，系统将弹出如图 3-14 所示的"新建图层"对话框。在此对话框中可以对新建图层的颜色、模式和不透明度进行设置。

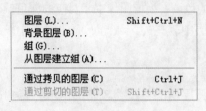

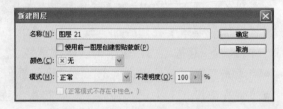

图 3-13   图 3-14

选择"背景图层"命令，可以将背景图层（通常背景图层被锁定）改为普通层，此时"背景图层"变为"图层背景"命令，反之则二者互换名称。

选择"组"命令，将弹出如图 3-15 所示的对话框。在此对话框中可以新建一个图层组。

选择"从图层建立组"命令，将弹出同样的对话框，所选择的图层或当前层及链接层自动生成图层组。

图 3-15

选择"通过拷贝的图层"命令，可以将当前画面选区中的图像通过复制生成一个新的图层，且原画面不被破坏。

选择"通过剪切的图层"命令，可以将当前画面选区中的图像通过剪切生成一个新的图层，但原画面被破坏。

注意

单击"图层"面板下方的"创建新图层"或"创建新组"按钮，可直接生成新的图层或图层组。

选择"拷贝"→"粘贴"命令也可生成新的图层。

选择"文件"→"置入"命令，可以将选择的图像作为智能对象置入当前文件中，且生成一个新的图层。

（2）复制 / 删除图层

当需要复制一个完全相同的图层时，在选中该图层后，单击鼠标右键，在弹出的快捷菜单中选择"复制图层"或"删除图层"命令，或将其拖动至"图层"面板底部的"创建新图层"或"删除图层"按钮中，同样可以完成上述操作。

图层可以在当前文件中复制，也可以在不同文件之间复制。单击要复制的图层，按住鼠标左键不放，将其拖动至目标文件中，松开鼠标左键即可完成并生成新的图层。

如果将图层复制到另外的文件中，两个文件的分辨率不同时，复制的图层视觉效果也会不同。

（3）设置图层属性

利用"图层属性"命令可以将图层重新命名或标记图层颜色，用来与其他图层加以区别。只需在要设置的图层上单击鼠标右键，在弹出的快捷菜单中选择不同的颜色即可，如图 3-16 所示。

（4）删格化图层

输入文字产生的文字图层，不能直接对其进行绘画工具和滤镜的处理，如果需要在这些图层上进行操作，首先要栅格化图层，即将文字图层的内容转换为平面的光栅图像，即普通层，如图 3-17 所示。

图　3-16　　　　　　　　　　　　　　　　　　　图　3-17

栅格化文字图层有两个方法：一是单击鼠标右键，在弹出的快捷菜单中选择"栅格化文字"命令；二是选择"图层"→"栅格化"→"文字"命令。

（5）合并图层

在进行设计时，很多的图形分布在不同的图层上，那些已经完成，且不需要修改的图像可以合并在一起，这样有利于图层的管理，也减少文件的信息量。合并后的图层中所有透明区域的重叠部分仍保持透明。如果合并全部图层，可选择菜单中的"拼合图像"命令，如果是其中几个图层合并则可以使用"图层"面板中的"显示 / 隐藏图层"图标，将不需要合并的图层隐藏，再使用菜单中的"合并可见图层"命令完成合并，如图 3-18 所示。

（6）图层样式

选择"图层"→"图层样式"→"混合选项"命令，在如图 3-19 所示的"图层样式"对话框中包含投影、内阴影、外发光、内发光、斜面浮雕、等高线、纹理、光泽、颜色叠加、渐变叠加、图案叠加和描边等样式，这些图层样式可以单独使用，也可以混合使用，合理搭配可以创造出千变万化的效果。

- 斜面和浮雕：该效果主要是为图层增加不同组合方式的高亮和阴影效果，包括"等高线"和"纹理"两个选项。
- 描边：该效果允许用户使用笔触进行描边填充。
- 内阴影：该效果主要是在图层内容边缘的内部增加投影，从而产生凹陷的效果。
- 内发光：该效果主要是在图层内容边缘的内部增加发光效果。
- 光泽：该效果主要是使图案表面光滑。
- 颜色叠加：该效果主要是允许用户自行设定颜色进行填充。
- 渐变叠加：该效果主要是允许用户自行设定渐变颜色进行填充。

- 图案叠加：该效果主要是允许用户自行设定图案进行填充。
- 外发光：该效果主要是在图层内容边缘的外部增加发光效果。
- 投影：该效果主要是填充图层内部的投影。

 注意 "预览"复选框也是十分重要的，请用户在使用时要注意选中，便于一边调整参数值，一边观察效果。

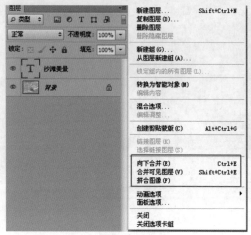

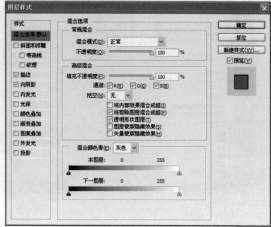

图 3-18   图 3-19

（7）图层的排列顺序

图层的排列顺序对作品的效果有着直接的影响，因此在作品创作过程中，必须合理调整图层之间的叠放顺序，其方法有以下两种：

- 选择多个图层，选择"图层"→"排列"命令，在弹出的下拉菜单中选择要执行的命令即可，如图 3-20 所示。
- 选择要调整顺序的图层，按住鼠标左键将其拖动至合适位置即可。

（8）对齐与分布图层

该命令适合于以当前层为依据，将与当前层同时选取的或链接的图层进行对齐与分布。

- 图层的对齐：当"图层"面板中至少有两个图层被同时选择，且背景层不处于链接状态时，图层的对齐命令方可使用。选择"图层"→"对齐"命令，在弹出的下拉菜单中选择要执行的命令，如图 3-21 所示。
- 图层的分布：当"图层"面板中至少有 3 个图层被同时选择，且背景层不处于链接状态时，图层的分布命令方可使用。选择"图层"→"分布"命令，在弹出的下拉菜单中选择要执行的命令，如图 3-22 所示。

图 3-20   图 3-21   图 3-22

（9）图像修边

在移动或复制选区内的图像时，选区周围的一些边缘像素也会包含在选区内，这会使移动位置或复制出的图像边缘产生杂色边缘或晕圈，如图 3-23 所示为需要复制至黑色背景中的蝴蝶，其边缘带有白边。

选择"图层"→"修边"命令，在弹出的下拉菜单中选择要执行的命令即可，如图 3-24 和图 3-25 所示。

图　3-23　　　　　图　3-24　　　　　图　3-25

3.4.3　智能对象

使用"置入"命令导入的图像，会出现在当前图像文件中央的位置，并保持其原始长宽比例；如果它比当前图像大，将被重新调整到合适的尺寸。另外，在确认置入的图像前，还可以对其进行移动、缩放、旋转或倾斜操作，以满足设计需要。

智能对象实际上是一个嵌入在另一个文件中的文件，当在"图层"面板中将一个或多个图层创建为智能对象时，实际上创建了一个嵌入在当前文件中的新文件。

通过"置入"命令导入图像生成的图层为智能图层，即允许用户编辑其源文件。选择"图层"→"智能对象"→"编辑内容"命令，源文件将会在 Photoshop（如果源文件是位图图像）或 Illustrator（如果源文件为矢量 PDF 或 EPS 数据）中打开，更新并存储源文件后，编辑结果将会显示在当前的图像文件中。另外，当选择"图层"→"智能对象"→"转换到图层"命令后，智能对象将转换为普通层，此时将不能直接对图像的源文件进行编辑。

注意

对智能对象可以应用"变换"、"图层样式"、"滤镜"、"不透明度"和"混合模式"等命令，编辑了智能对象的源数据后，可以将这些编辑操作更新到智能对象图层中。如果当前智能对象是一个包含多个图层的复合智能对象，这些编辑可以更新到智能对象的每一个图层中。

3.5　绘画工具

在 Photoshop CS6 的工具箱中，画笔工具、铅笔工具、颜色替换工具与混合器画笔工具被编为一组，统称为绘画工具。其中，画笔工具主要用于创建较为柔和的线条；铅笔工具主要创建硬边手绘的直线条；颜色替换工具可以替换画面中任意色彩而不改变画面的肌理效果；混合器画笔工具可以模拟真实的绘画技术，如混合画布上的颜色、组合画笔上的颜色以及在描边过程中使用不同的绘画湿度。

3.5.1 画笔（铅笔）工具

激活"画笔工具"，其属性栏如图 3-26 所示（"铅笔工具"与"画笔工具"基本相同，在此不再赘述）。

图 3-26

- 画笔：用于设置画笔笔头的大小及形状。单击 画笔 按钮，弹出如图 3-27 所示的面板，其中"大小"用于设置画笔的大小粗细；"硬度"用于设置笔头边缘的虚化程度。数值越大，笔头边缘越清晰，反之则虚化。
- 模式：可以设置绘制的对象与其下方对象的混合模式。
- 不透明度：用于设置不透明度的大小，可以直接输入数值，也可通过单击 按钮，拖动滑块调节数值。不透明度为 50%、100% 时的效果如图 3-28 所示。

图 3-27　　　　　　　　　　　　　　　图 3-28

- 流量：决定绘画时画笔的压力大小，数值越大颜色越深，反之越浅。
- "喷枪"按钮 ：单击此按钮，画笔工具则以喷枪效果出现，绘制的颜色会以喷枪停留时间的长短而向外扩展。
- "选项"按钮 ：单击此按钮，在弹出的面板中可设置画笔的其他参数，如图 3-29 和图 3-30 所示。

"画笔预设"面板用于查看、选择和载入预设画笔。拖动窗口右侧的滚动条可以浏览其他形状；拖动"大小"滑块可以改变画笔笔头大小；单击 按钮，在弹出的下拉菜单中可选择预设的画笔。

"画笔"面板中的"画笔笔尖形状"用于选择和设置画笔笔头的形状。

- 形状动态：用于设置画笔移动时笔头形状的变化。
- 散布：决定是否使用绘制的图形或线条产生一种笔触散射的效果。
- 纹理：可以使画笔工具产生图案纹理效果。
- 双重画笔：可以设置两种不同形状的画笔来绘制图形。首先通过画笔笔头形状设置笔刷的形状，再通过双重画笔参数二次设置笔刷的形状。
- 颜色动态：将前景色和背景色进行不同程度的混合，通过调整颜色在前景色和背景色之间的变化以及色相、饱和度和亮度的变化，绘制出具有各种颜色混合效果的图形。

- 其他选项：主要用于设置画笔的不透明度和流量的动态效果。

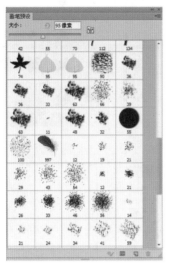

图　3-29

图　3-30

梦境——定义画笔

除了上述介绍的画笔自带工具及形状外，用户还可以将自己喜欢的图形、图像重新定义为画笔笔头形状，创造出丰富多彩的效果。下面简要介绍定义画笔的过程。

01 打开素材，如图 3-31 所示，激活"魔棒工具"并单击白色区域，然后选择"选择"→"反向"命令，将人物框选。

02 选择"编辑"→"定义画笔预设"命令，在弹出的对话框中设置名称为"梦"，单击"确定"按钮，如图 3-32 所示。

图　3-31　　　　　　　　　　　　　图　3-32

03 新建文件，按如图 3-33 所示设置参数。将图 3-31 中图像复制至"梦"文件中，调整位置，效果如图 3-34 所示。

04 激活"画笔工具"，在其"画笔预设"面板中找到刚刚设置的画笔，如图 3-35 所示。在其属性栏中设置画笔直径"大小"为 528 像素，"不透明度"为 65%，在新建的图层中单击鼠标，调整位置，效果如图 3-36 所示。

05 改变画笔直径"大小"为 130 像素，"不透明度"为 80%，在其"画笔"面板中设置如图 3-37 所示参数，新建图层并绘制出如图 3-38 所示的效果。

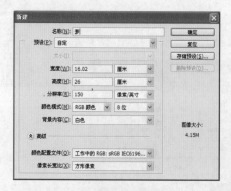

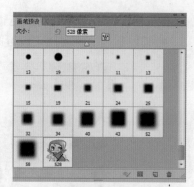

图 3-33　　　　　　　图 3-34　　　　　　　图 3-35

图 3-36　　　　　　　图 3-37　　　　　　　图 3-38

3.5.2　颜色替换工具

该工具能够简化图像中特定颜色的替换。可以用校正颜色在目标颜色上绘画。激活"颜色替换工具"，其属性栏如图 3-39 所示。

图 3-39

通常，希望使混合模式仍然设置为"颜色"。

- "取样"选项：用于指定替换颜色取样区域的大小，包括下列选项。
  - "连续"：在拖动鼠标时可连续对颜色取样。
  - "一次"：只替换第一次选取的颜色所在区域中的目标颜色。
  - "背景色板"：只替换画面中包含当前背景色的区域。
- "限制"选项：用于限制替换颜色的范围，包括下列选项。
  - "不连续"：替换出现在指针下任何位置的样本颜色。
  - "连续"：替换与紧挨在指针下的颜色邻近的颜色。
  - "查找边缘"：替换包含取样颜色的相连区域，同时更好地保留形状边缘的锐化程度。
  - "容差"：指定替换颜色的精确度，数值越大，替换的范围越大。

↳ "消除锯齿"：可以为替换颜色的区域指定平滑的边缘。

图　3-40

幻境——颜色替换

01 打开素材，如图 3-40 所示。设置前景色为 R:70、G:30、B:220。在选择替换色彩时，应注意原来的底色对替换色彩的影响。

02 激活"颜色替换工具"，在其属性栏中按图 3-41 所示设置参数。

03 先将画笔的直径调整得较大，用于绘制大面积区域，效果如图 3-42 所示，然后选用较小的笔头对局部进行绘制，效果如图 3-43 所示。

04 在替换颜色时，也可将替换的部分利用选区工具圈选，如图 3-44 所示，然后替换颜色。在替换过程中，局部有溢出的颜色的情况，可以通过"历史记录画笔工具"将其作局部修正。

05 在使用"颜色替换工具"时，最重要的是"容差"值的设置，如图 3-45 所示为"容差"值为 10% 时的效果。

图　3-41

图　3-42　　　　　图　3-43　　　　　图　3-44　　　　　图　3-45

3.5.3　混合器画笔工具

混合器画笔工具是较为专业的绘画工具，通过设置其属性栏可以调节笔触的颜色、潮湿度和混合颜色等，如同在绘制水彩或油画时，随意调节颜料颜色、浓度和颜色混合等。使用"混合器画笔工具"可以绘制出更为细腻的效果，激活该工具，其属性栏如图 3-46 所示。

图　3-46

● ▦ 按钮：单击该按钮，在打开的下拉列表中可选择画笔以及调整画笔大小。

- ■■按钮：显示前景色颜色，单击右侧三角可以载入画笔、清理画笔或只载入纯色。
- ■按钮：每次描边后载入画笔。
- ■按钮：每次描边后清理画笔。

■和■两个按钮，控制了每一笔涂抹结束后是否更新和清理画笔。类似于画家在绘画时一笔过后清洗与不清洗画笔所绘制的效果。

- "混合画笔组合"下拉列表框 干燥，浅描 ：提供多种为用户提前设定的画笔组合类型，包括干燥、湿润、潮湿和非常潮湿等。在"混合画笔组合"下拉列表框中预先设置好了混合画笔，每次选择一种混合画笔时，右边的 4 个值会自动改变为预设值。
- 潮湿：0% ：设置从画布拾取的油彩量。值越大，画在画布上的色彩越淡。
- 载入：5% ：设置画笔上的油彩量。
- 混合：26% ：用于设置多种颜色的混合，当"潮湿"的值为 0 时，该选项不可用。
- 流量：100% ：设置描边的流动速率。
- 喷枪模式■：启用喷枪模式时，当画笔在一个固定的位置一直描绘时，画笔会像喷枪那样一直喷出颜色。如果不启用该模式，则画笔只描绘一下就停止流出颜色。
- "对所有图层取样"复选框：选中该复选框，无论本文件有多少图层，都可将其作为一个单独的合并的图层看待。
- 绘图板压力控制大小选项■：当选择普通画笔时，此选项可以被选择。此时可以用绘图板来控制画笔的压力。

3.6 文本基础知识

文字的运用是平面设计中非常重要的表达形式。在许多设计作品中往往需要文字说明来表达主题，并将文字加以变形从而丰富版面、突出创作主题，其应用范围涉及多个领域，如广告设计、印刷设计、包装装潢设计、多媒体及网页设计等。

3.6.1　文字工具

文字工具组中共有 4 种文字工具：横排文字工具**T**、直排文字工具 **IT**、横排文字蒙版工具**T**和直排文字蒙版工具**IT**，分别用于输入水平与垂直文字和水平与垂直的文字选区。

利用文字工具输入的文字具有两种属性：点（艺术）文字和段落文本。点文字适合在文字数量较少的画面中使用，或需要制作特殊效果的文字；当作品中需要大量的文字时，应该利用段落文本输入文字。如图 3-47 所示，标题使用点文字，正文使用段落文本。

1. 输入点文字

利用文字工具输入点文字时，输入的文字独立成行，行的长度随着文字的不断输入而增长，只有在按 Enter 键强制回车时，才能切换到下一行输入文字。

激活文字工具，选择横排或直排，在文件中单击，鼠标指针显示为"插入符"，然后选择必要的输入法输入文字即可。

2. 输入段落文本

激活文字工具，选择横排或直排，在文件中单击并按住鼠标左键拖曳，形成虚拟的矩形文本框，然后选择必要的输入法输入文字即可。当文字输入至文本框边缘时将自动换行，直至按 Enter 键强制回车，另起一行为止。

如果输入的文字较多，文本框无法容纳时，在文本框的右下角会出现溢出符号，此时可以通过拖曳文本框周围的控制点，改变文字大小或字体以达到目的，如图 3-48 所示。

图　3-47　　　　　　　　　　　　　　　　图　3-48

3. 创建文字选区

使用横排文字蒙版工具▣或直排文字蒙版工具▣即可创建选区文字，其输入方式与点文字和段落文本一致，所不同的是，单击鼠标时画面会出现红褐色蒙版；输入该文字时先建立新的图层，然后再输入必要的文字选区。

3.6.2　文字工具属性栏

激活文字工具，其属性栏如图 3-49 所示。

图　3-49

- "改变文本方向"按钮▣：单击此按钮，可以将水平或垂直方向的文本互换。
- "设置字体系列"下拉列表框▣：此下拉列表框中的字体用于设置输入文字的字体；也可以选择输入的字体后在此重新设置。
- "设置字体样式"下拉列表框▣：此下拉列表框中的选项用于决定输入文字的字体样式，包括 Regular（规则）、Italic（斜体）、Bold（粗体）和 Bold Italic（粗斜体）4 种字形。此选项只有在选择英文字体时方可使用。
- "设置字体大小"下拉列表框▣：用于设置或改变字体的大小。
- "设置消除锯齿的方法"下拉列表框▣：决定文字边缘消除锯齿的方式，包括"无"、"锐利"、"犀利"、"浑厚"和"平滑"5 种方式。
- "对齐方式"按钮：当使用"横排文字工具"输入文字时，对齐方式显示为▣▣▣，分别表示左对齐、水平居中对齐和右对齐；当使用"直排文字工具"输入文字时，对齐方式显示为 ▇▇▇，分别表示顶对齐、垂直居中对齐和底对齐。

- "设置文本颜色"色块 ▇：单击此色块，在弹出的对话框中选择需要的颜色。
- "创建文字变形"按钮 ⬡：单击此按钮，在弹出的对话框中可以设置文字的变形效果。
- "取消所有编辑"按钮 ⊘：单击此按钮，可取消文本的输入或编辑操作。
- "完成所有编辑"按钮 ✔：单击此按钮，可完成文本的输入或编辑操作。

3.6.3 "字符"面板

选择"窗口"→"字符"命令或单击文字属性栏中的 ▤ 按钮，弹出如图 3-50 所示的"字符"面板。

在该面板中可以设置字体、字号、字形和颜色，但其主要作用是设置字距、行距和基线偏移等选项。相关选项及按钮介绍如下。

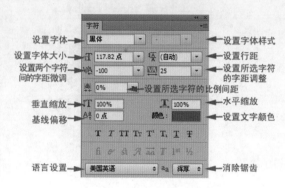

图　3-50

- 设置字距微调：设置相邻两个字符间的距离，在设置此选项时不需要选择字符，只需在字符间单击以指定插入点，然后再设置相应的参数即可。
- 基线偏移：设置文字由基线位置向上或向下偏移的高度。在文本框中输入正值，可使横排文字向上偏移，直排文字向右偏移；输入负值，可使横排文字向下偏移，直排文字向左偏移。
- "仿粗体"按钮 **T**：可以将当前选择的文字加粗显示。
- "仿斜体"按钮 ***T***：可以将当前选择的文字倾斜显示。
- "全部大写字母"按钮 **TT**：可以将当前选择的小写字母变为大写字母。
- "小型大写字母"按钮 **Tr**：可以将当前选择的字母变为小型大写字母。
- "上标"按钮 **T¹**：可以将当前选择的文字变为上标显示。
- "下标"按钮 **T₁**：可以将当前选择的文字变为下标显示。
- "下划线"按钮 **T̲**：可以在当前选择的文字下方添加下划线。
- "删除线"按钮 **Ŧ**：可以在当前选择的文字中间添加删除线。

3.6.4 "段落"面板

"段落"面板的主要功能是设置文字对齐方式及缩进量，当选择横向的文本时，其显示如图 3-51 所示。

- ▤ ▤ ▤ 按钮：分别用于设置横向文本的对齐方式，如左对齐、居中对齐和右对齐。
- ▤ ▤ ▤ ▤ 按钮：只有在图像文件中选择段落文本时，这 4 个按钮才可使用。其主要功能是调整段落中最后一行的对齐方式，分别为左对齐、居中对齐、右对齐和两端对齐。

当选择竖向文本时，其显示如图 3-52 所示。

- ▦▦ ▦▦按钮：分别用于设置竖向文本的对齐方式，如顶对齐、居中对齐和底对齐。
- ▦▦ ▦▦ ▦▦按钮：只有在图像文件中选择段落文本时，这4个按钮才可使用。其主要功能是调整段落中最后一行的对齐方式，分别为顶对齐、居中对齐、底对齐和两端对齐。

图 3-51　　　　　图 3-52

- "左缩进"按钮▦：用于设置段落左侧的缩进量。
- "右缩进"按钮▦：用于设置段落右侧的缩进量。
- "首行缩进"按钮▦：用于设置段落第一行的缩进量。
- "段落前添加空格"▦按钮：用于设置每段文本与前一段的距离。
- "段落后添加空格"▦按钮：用于设置每段文本与后一段的距离。
- "避头尾法则设置"和"间距组合设置"下拉列表框：用于编排日语字符。
- "连字"复选框：选中此复选框，允许使用连字符连接单词。

3.6.5　文字转换

由于文字在输入时独立存在于文字层中，根据设计需要常常将文字进行转换，包括点文字与段落文本的转换、文字层转变为普通层、文字轮廓与工作路径或形状层的转换等。

1．点文字与段落文本的转换

确认要转换的文字图层为当前层，选择"图层"→"文字"→"转换为点文字"或"转换为段落文本"命令，即可完成文字的转换。

2．文字层转变为普通层

确认要转换的文字图层为当前层，选择"图层"→"栅格化"→"文字"命令，即可将其转换为普通层。或在当前层单击鼠标右键，在弹出的快捷菜单中选择"栅格化文字"命令。

3.7　字体设计解析

3.7.1　泡泡字设计

泡泡字设计效果如图 3-53 所示。设计步骤如下。

01 选择"文件"→"新建"命令，在弹出的对话框中设置长、宽单位为"厘米"，颜色模式为"RGB"，如图 3-54 所示。

02 选择"窗口"→"色板"命令，打开"色板"面板。按图 3-55 所示，调整滑块设置前景色为 C:100、M:100、Y:40、K:0，背景色为 C:70、M:40、Y:0、K:0。

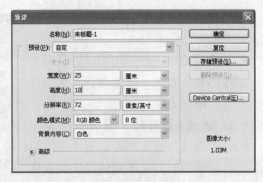

图 3-53   图 3-54

03 激活工具箱中的"渐变工具"，在画面中自上而
下拖曳，形成渐变效果，如图 3-56 所示。

04 激活工具箱中的"椭圆选框工具"，按住 Shift 键，
在如图 3-57 所示的位置绘制一个正圆选区。

05 选择"编辑"→"拷贝"→"粘贴"命令，复制
圆形图形并创建出"图层 1"，此时图层面板如
图 3-58 所示。

06 单击"图层"面板下方的"添加图层样式"按
钮，在弹出的菜单中选择"内发光"命令，如图 3-59 所示。

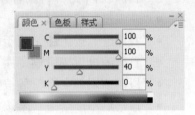

图 3-55

图 3-56   图 3-57

图 3-58   图 3-59

07 在"图层样式"对话框中设置发光颜色为"白色"，"阻塞"为 0%，"大小"为 45
像素，如图 3-60 所示。

08 单击"确定"按钮，设置图层样式后的效果如图 3-61 所示。

图 3-60   图 3-61

09 如图 3-62 所示，在"图层"面板中调整图层的"不透明度"为 50%，效果如图 3-63 所示。

10 复制 4 次"图层 1"（将"图层 1"拖动至"新建图层"按钮上即可完成复制），此时"图层"面板如图 3-64 所示。

图 3-62   图 3-63   图 3-64

11 选择"编辑"→"变换"→"缩放"命令（Ctrl+T 键），依次调整每一个图层中泡泡的大小，调整后效果如图 3-65 所示。

12 分别单击"添加图层样式"按钮，调整小泡泡图层样式中内发光效果中"大小"的数值，如图 3-66 所示。

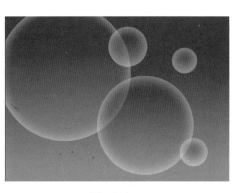

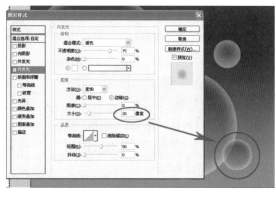

图 3-65   图 3-66

13 如图 3-67 所示，在"图层"面板中依次改变不同图层的不透明度，使泡泡呈现深浅不一的效果，如图 3-68 所示。

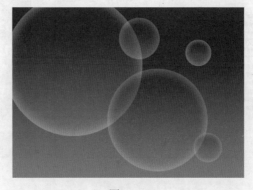

图 3-67   图 3-68

14 激活工具箱中的"横排文字工具"，在画面中输入"popo"，调整字体、字符和颜色，如图 3-69 所示。

15 如图 3-70 所示，单击"图层"面板底部的"添加图层样式"按钮，选择"斜面和浮雕"命令。

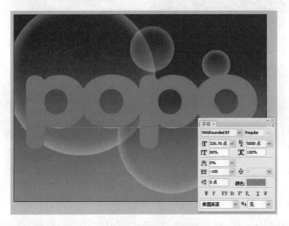

图 3-69   图 3-70

16 在"图层样式"对话框中设置如图 3-71 所示的参数（注意调整"阴影模式"的颜色）。

17 在"图层样式"对话框中选择"内发光"选项，按图 3-72 所示设置参数。

18 单击"确定"按钮，泡泡字效果如图 3-53 所示，此时"图层"面板如图 3-73 所示。

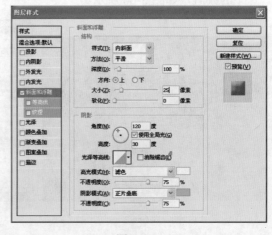

图 3-71

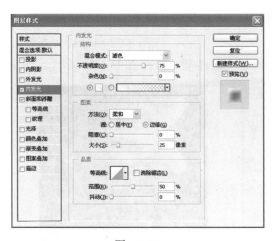

图 3-72　　　　　　　　　　　　　　　图 3-73

3.7.2　火焰字设计

火焰字的设计效果如图 3-74 所示。设计步骤如下。

01 新建文件，按如图 3-75 所示设置相应参数，其中背景色为黑色。激活"横排文字工具"，输入白色文字，效果如图 3-76 所示。

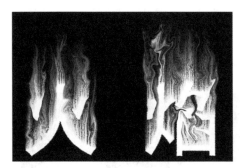

图　3-74　　　　　　　　　　　　　　　图　3-75

02 打开"图层"面板，以文字层为当前层，将文字调至画面的下 2/3 处，选择"向下合并"命令，如图 3-77 所示，将文字图层与"背景"层合并。

图　3-76　　　　　　　　　　　　　　　图　3-77

03 选择"图像"→"旋转画布"→"90 度（顺时针）"命令，顺时针旋转画面。然后选择"滤镜"→"风格化"→"风"命令，按图 3-78 所示设置参数，单击"确定"按钮，然后根据需要可多次按 Ctrl+F 键，效果如图 3-79 所示。

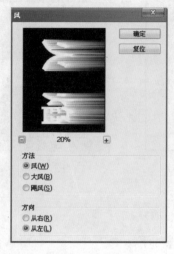
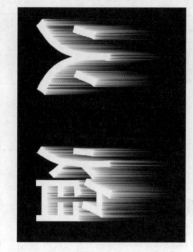

图　3-78　　　　　　　　　　　　　　　图　3-79

04 选择"图像"→"旋转画布"→"90 度（逆时针）"命令，逆时针旋转画面，然后选择"滤镜"→"风格化"→"扩散"命令，按图 3-80 所示设置参数，单击"确定"按钮，效果如图 3-81 所示。

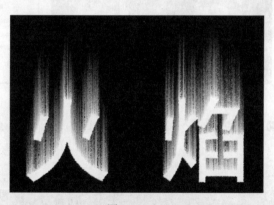

图　3-80　　　　　　　　　　　　　　　图　3-81

05 选择"图像"→"模式"→"灰度"命令，单击"扔掉"按钮，继续选择"图像"→"模式"→"索引颜色"命令，再选择"自定义"选项，设置如图 3-82 所示参数，单击"确定"按钮，效果如图 3-83 所示。

06 选择"图像"→"模式"→"RGB 颜色"命令，然后选择"滤镜"→"液化"命令，按图 3-84 所示设置参数，利用不同工具调整火焰的效果，单击"确定"按钮，效果如图 3-74 所示。

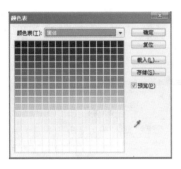　　　　　

图　3-82　　　　　　　　　　　　　图　3-83

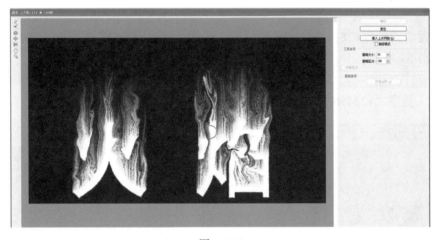

图　3-84

　　在火焰效果上，无论使用"涂抹工具"还是其他工具，都要不断改变笔头的大小和压力，以适应不同区域的需要。

注意

　　"液化"对话框左侧的工具按钮用于设置变形的模式，右侧的选项及参数可以设置使用工具的相关参数及其查看模式。其功能介绍如下（从上至下）。

- 向前变形工具：利用此工具在预览窗口中单击或拖曳，可以将图像推送使之产生扭曲变形。
- 重建工具：利用此工具在预览窗口中单击或拖曳，可以修复变形后的图像。
- 皱褶工具：利用此工具在预览窗口中单击或拖曳，可以使图像在靠近画笔区域的中心处进行变形。
- 膨胀工具：利用此工具在预览窗口中单击或拖曳，可以使图像在远离画笔区域的中心处进行变形。
- 左推工具：利用此工具在预览窗口中单击或拖曳，可以使图像向左或向上偏移；按住 Alt 键并拖曳，可以使图像向右或向下偏移。

此处的"抓手工具"和"放大工具"与工具箱中的作用相同。

3.7.3　飞鸟艺术字设计

　　飞鸟艺术字设计效果如图 3-85 所示。设计步骤如下。

01 新建文件，设置长度、宽度等参数，如图 3-86 所示。

图 3-85   图 3-86

02 设置前景色为 C:80、M:0、Y:0、K:0。激活"油漆桶工具"并填充为底色，效果如图 3-87 所示。

03 激活工具箱中的"横排文字工具"，在其属性栏中设置字体和字号，然后在画面中输入数字"1234567"或者其他文字，如图 3-88 所示。

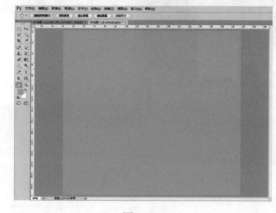

图 3-87   图 3-88

04 单击属性栏中的"创建文字变形"按钮，在弹出的对话框中设置参数，如图 3-89 所示。

05 在"变形文字"对话框中的"样式"下拉列表框中选择"下弧"，单击"确定"按钮，效果如图 3-90 所示。

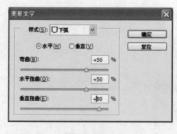

图 3-89   图 3-90

06 在"图层"面板中，复制图层"1234567"为"1234567 副本"，如图 3-91 所示。

07 打开"变形文字"对话框，如图 3-92 所示，设置样式为"无"，单击"确定"按钮，恢复变形前的状态，效果如图 3-93 所示。

图 3-91　　　　　　　图 3-92　　　　　　　图 3-93

08 以"1234567 副本"层为当前层，打开"变形文字"对话框，设置如图 3-94 所示参数，单击"确定"按钮，效果如图 3-95 所示。

09 按 Ctrl+T 键，调整角度与位置，效果如图 3-96 所示。

图 3-94　　　　　　　图 3-95　　　　　　　图 3-96

10 如图 3-97 所示，在"图层"面板中，复制图层"1234567 副本"为"1234567 副本 2"。

11 取消"1234567 副本 2"层的变形效果，调整角度与位置，效果如图 3-98 所示。

12 以"1234567 副本 2"层为当前层，打开"变形文字"对话框，设置如图 3-99 所示参数，单击"确定"按钮，效果如图 3-100 所示。

  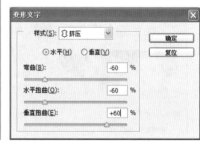

图 3-97　　　　　　　图 3-98　　　　　　　图 3-99

13 在"图层"面板中，按住 Ctrl 键，分别单击 3 个文字图层，将其全选，如图 3-101 所示。选择"图层"→"合并图层"命令，将 3 个图层合并。

14 单击"图层"面板下方的"添加图层样式"按钮，在弹出的如图 3-102 所示的菜单中选择"渐变叠加"命令，在弹出的对话框中按图 3-103 所示设置参数。

图　3-100

图　3-101

图　3-102

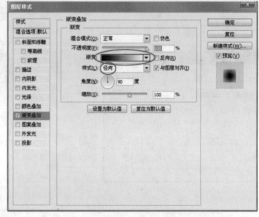

图　3-103

15 将"样式"设置为"径向"；单击"渐变"下拉列表框，在弹出的"渐变编辑器"对话框中设置渐变色，如图 3-104 所示。

16 选择"斜面和浮雕"、"外发光"样式选项，参数设置如图 3-105 和图 3-106 所示，单击"确定"按钮，效果如图 3-85 所示。

17 此时"图层"面板如图 3-107 所示，飞鸟艺术字效果制作完成。

图　3-104

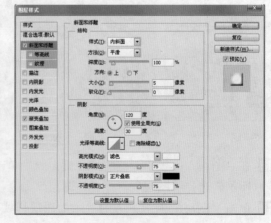

图　3-105

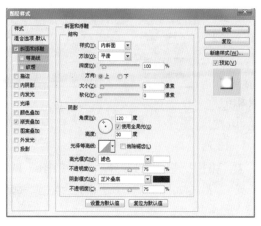

图　3-106　　　　　　　　　　　　　　　图　3-107

3.7.4　雕花字设计

雕花字设计效果如图 3-108 所示。设计步骤如下。

01 新建文件，设置背景色及宽、高等参数，如图 3-109 所示。

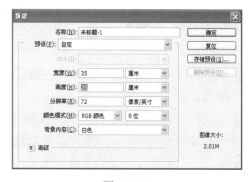

图　3-108　　　　　　　　　　　　　　　图　3-109

02 设置前景色为 C:80、M:60、Y:60、K:0，背景色设置为黑色，激活工具箱中的"渐变工具"，在其相应属性栏中选择渐变形式为"径向渐变"，从画面中心向边缘拖出渐变填充效果，如图 3-110 所示。

03 打开素材文件"花卉图案 1"，如图 3-111 所示。

图　3-110　　　　　　　　　　　　　　　图　3-111

04 在"图层"面板中，双击"背景"图层，打开"新建图层"对话框，如图 3-112 所示，将"背景"层转换为浮层。

图 3-112

05 激活工具箱中的"魔棒工具"，选取底色部分，选择"选择"→"选取相似"命令，将底色部分全部选取，然后按 Delete 键将底色删除，效果如图 3-113 所示。

06 激活工具箱中的"橡皮擦工具"，擦除图中不需要的部分，效果如图 3-114 所示。

07 激活工具箱中的"多边形套索工具"，沿着如图 3-115 所示的红线提示部分选取部分花卉图形。

图 3-113   图 3-114   图 3-115

08 激活"移动工具"，将选取的花卉拖入文件中，调整其大小和位置，效果如图 3-116 所示。

09 切换到"花卉图案 1"文件，选择"选择"→"反向"命令，将选区反选，然后将其复制到文件中，调整大小、角度和位置，效果如图 3-117 所示。

10 如图 3-118 所示，在"图层"面板中，合并"图层 1"与"图层 2"为"图层 1"，并单击"锁定"按钮。

图 3-116   图 3-117   图 3-118

11 设置前景色为 C:80、M:60、Y:60、K:0 并填充，效果如图 3-119 所示。

12 激活工具箱中的"横排文字工具"，在画面中输入文字"nice"，如图 3-120 所示，调整大小和字体。

13 如图 3-121 所示，在"图层"面板中，单击鼠标右键，将文字图层栅格化。

14 复制 3 次"nice"图层，如图 3-122 所示，分别得到"nice 副本"、"nice 副本 2"

和"nice 副本 3" 3 个图层。

15 分别双击图层中的图层名称修改图层名，如图 3-123 所示。

图　3-119　　　　　　　　　　　　　图　3-120

图　3-121　　　　　　图　3-122　　　　　　图　3-123

16 在每个图层中只保留与图层名称相对应的字母，其他字母删除，如在"n"图层中，只保留字母"n"，其他 3 个字母用"套索工具"选取后删除，如图 3-124 所示。

17 打开素材"花卉图案 2"文件，如图 3-125 所示。

图　3-124　　　　　　　　　　　　　图　3-125

18 选择"编辑"→"定义图案"命令，如
图 3-126 所示，将新图案命名为"花卉"。

19 在"图层"面板中，以"n"图层为当前
层，单击面板下方的"添加图层样式"
按钮，在弹出的菜单中选择"斜面和浮
雕"命令，其参数设置如图 3-127 所示。

20 选择"图案叠加"选项，如图 3-128 所示，选择刚才创建的"花卉"图案。

图　3-126

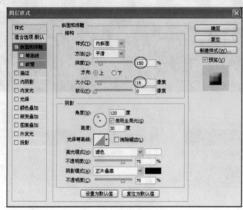

图　3-127

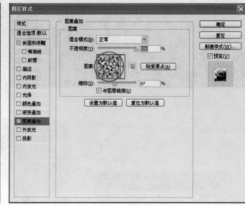

图　3-128

21 选择"渐变叠加"选项，如图 3-129 所示，渐变效果设置为从浅绿色到深绿色的
渐变，"混合模式"设置为"正片叠底"。

22 选择"描边"选项，按图 3-130 所示设置参数。

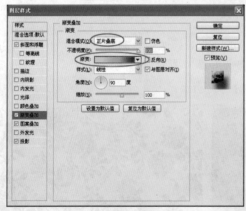

图　3-129

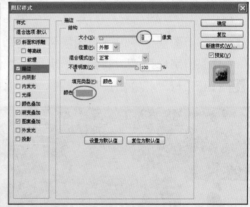

图　3-130

23 选择"投影"选项，按图 3-131 所示设置参数。

24 单击"确定"按钮，则添加图层样式后的文字效果如图 3-132 所示。此时"图层"
面板如图 3-133 所示。

25 在"图层"面板中单击鼠标右键，在弹出的快捷菜单中选择"拷贝图层样式"命
令。然后分别在其他 3 个字母层中单击鼠标右键，在弹出的快捷菜单中选择"粘贴
图层样式"命令，效果如图 3-134 所示，此时"图层"面板中"i"图层如图 3-135

所示。

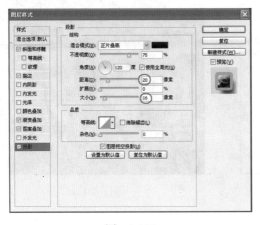

图 3-131

图 3-132

图 3-133

图 3-134

26 在"图层"面板中以"i"图层为当前选择层,双击图层,在弹出的"图层样式"对话框中修改"渐变叠加"选项,将渐变色改为浅蓝色到深蓝色的渐变;修改"描边"选项,"颜色"改为蓝色。单击"确定"按钮,如图 3-136 和图 3-137 所示,效果如图 3-138 所示。

图 3-135

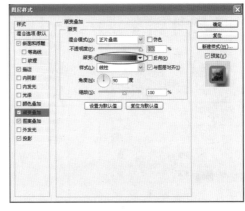

图 3-136

图 3-137 　　　　　　　　　　　　　　　　　图 3-138

27 用同样的方法，分别调整图层"c"和"e"的图层样式，分别改为紫色和橙色，效果如图 3-139 所示。

28 激活工具箱中的"移动工具"，将字母调整为如图 3-140 所示效果。雕花字效果制作完成。此时"图层"面板如图 3-141 所示。

图 3-139 　　　　　　　　　　　　　　　　　图 3-140

29 稍作修改，还可以获得不同的视觉效果。如图 3-142 所示，在每一个文字层中，分别取消"描边"和"图案叠加"样式，创建"纹理"样式，纹理图案同样选择"花卉"图案，最终效果如图 3-108 所示。

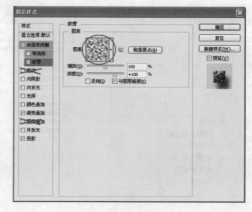

图 3-141 　　　　　　　　　　　　　　　　　图 3-142

3.7.5　燃烧的文字

燃烧的文字设计效果如图 3-143 所示。设计步骤如下。

01 新建文件，设置"宽度"、"高度"等参数，如图 3-144 所示。

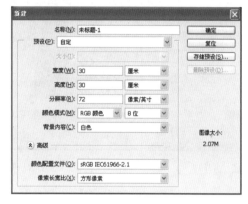

图　3-143　　　　　　　　　　　　　　图　3-144

02 将前景色设置为深红色，背景色设置为黑色，激活工具箱中的"渐变工具"，在其相应属性栏中设置渐变形式为"径向渐变"，从画面中心向边缘拖出渐变填充，效果如图 3-145 所示。

03 激活工具箱中的"横排文字工具"，在画面中输入大写字母"A"，设置如图 3-146 所示的颜色、字号与字体。

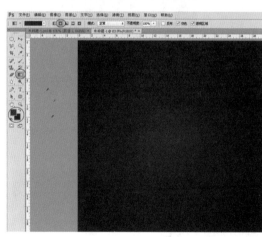
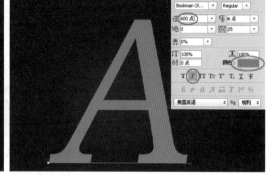

图　3-145　　　　　　　　　　　　　　图　3-146

04 在"图层"面板中，单击鼠标右键，将文字图层栅格化，如图 3-147 所示。

05 选择"滤镜"→"扭曲"→"波纹"命令，在弹出的对话框中设置如图 3-148 所示参数。单击"确定"按钮，效果如图 3-149 所示。

06 在"图层"面板中，复制图层"A"为"A 副本"，以"A 副本"为当前选择层，并隐藏"A"图层，如图 3-150 所示。

07 选择"选择"→"载入选区"命令，再选择"选择"→"修改"→"收缩选区"

命令，在弹出的对话框中设置如图 3-151 所示的收缩量，单击"确定"按钮，效果如图 3-152 所示。

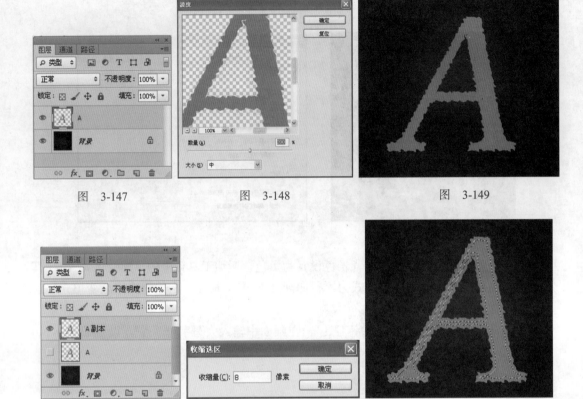

图 3-147　　　　　　图 3-148　　　　　　图 3-149

图 3-150　　　　　　图 3-151　　　　　　图 3-152

08 选择"选择"→"修改"→"羽化选区"命令，在弹出的对话框中设置如图 3-153 所示参数，按 Delete 键删除选区，效果如图 3-154 所示。

09 在"图层"面板中，单击"锁定"按钮，如图 3-155 所示。

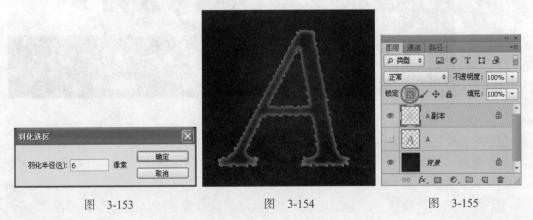

图 3-153　　　　　　图 3-154　　　　　　图 3-155

10 将前景色设置为 70% 黄色并填充，效果如图 3-156 所示。

11 在"图层"面板中，以图层"A"为当前选择层，并显示 👁 图标，如图 3-157 所示。

图　3-156

图　3-157

12 单击"图层"面板下方的"添加图层样式"按钮，选择"外发光"选项，在弹出的对话框中设置如图 3-158 所示参数，单击"确定"按钮，效果如图 3-159 所示。

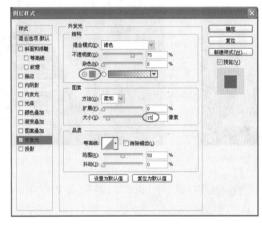

图　3-158

图　3-159

13 打开"火焰"图片，如图 3-160 所示。

14 激活工具箱中的"多边形套索工具"，在其相应属性栏中设置羽化值为"5 像素"。选取图片中左边一组火焰，如图 3-161 所示。

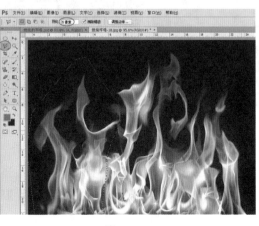

图　3-160

图　3-161

15 激活"移动工具"，将已选取的部分拖入文件中，将火焰安置在字母左下角位置，并适当调整大小。在如图 3-162 所示的"图层"面板中，设置图层类型为"滤色"，此时效果如图 3-163 所示。

16 激活工具箱中的"橡皮擦工具"（有关"橡皮擦工具"详情见 5.2.3 节），在其相应属性栏中选择羽化笔触，大小在 28 左右，不透明度在 40% 左右，将火焰多余部分一点点擦除（一定要让火焰和字母看上去结合得自然），效果如图 3-164 所示。

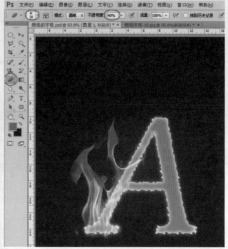

图 3-162   图 3-163   图 3-164

17 如图 3-165 所示，再次选取"火焰"图像的中间一组火焰，并拖入文件中。

18 将火焰置于字母中间偏上的位置，并适当调整大小，效果如图 3-166 所示。

19 激活"橡皮擦工具"，同样将多余部分擦除，效果如图 3-167 所示。

图 3-165   图 3-166   图 3-167

20 如图 3-168 所示，用同样方法选取"火焰"图像中右边一组火焰并拖入文件中，将火焰置于字母右下角位置，并适当调整大小和方向，效果如图 3-169 所示。

21 激活"橡皮擦工具"，将多余部分擦除。燃烧的字母效果制作完成，最终效果如图 3-143 所示。

图 3-168   图 3-169

思考与练习

（1）掌握字体设计的基本原则。

（2）充分理解图层的概念；掌握图层模式的设置方法。

（3）充分掌握定义画笔的方法并创作一幅背景图案。

（4）收集中外字体设计作品各 4 幅并分析其各自的特点。

（5）临摹如图 3-170 ～图 3-172 所示作品。

图 3-170   图 3-171

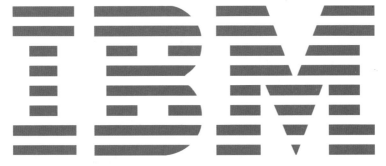

图 3-172

Chapter 04

标 志 设 计

本章内容

4.1 标志的功能

标志是具有识别和传达信息作用的象征性视觉符号。它以深刻的理念、优美的形象和完整的构图给人们留下深刻的印象，以达到传递信息、识别形象的目的。在当今的社会活动中，一个明确而独特、简洁而优美的标志对识别形象的作用是极为重要的，不仅能提高人们的关注度，加深记忆，还有助于获得巨大的社会效益与经济效益。强有力的商标标志能帮助产品建立信誉，增强知名度，从某种意义上讲商标标志能使一个企业兴旺发达，也能使一个企业在竞争中处于被动状态。不同的商标标志，如图 4-1 和图 4-2 所示。

图　4-1　　　　　　　　　　　　　图　4-2

标志的功能归纳起来有以下几点。

- 识别功能：通过本身所具有的视觉符号形象产生识别作用，方便人们认识和选择；靠这种功能增强各种社会活动与经济活动中的可识别性，以树立有别于其他标志的形象。
- 象征功能：标志本身所具有的象征性图形代表了某一社会集团的形象，体现出权威性和信誉感。从某种意义上讲，象征性图形标志是与社会集团息息相关的。
- 审美功能：标志由构思巧妙、外形完美的视觉图形符号构成，体现出审美的要素，满足视觉上的美感享受。标志的第一要素即为美，离开了美的图形，也就失去了标志存在的意义。
- 凝聚功能：标志总是象征着某一社会团体，代表该社会团体的利益和形象，在一定程度上强化着这一社会集团的凝聚力，使群体充满自信感和自豪感，并为之尽职尽责、尽心尽力。

4.2 标志的类别与特点

标志具有十分强烈的个性形象色彩，因此其分类与特点也十分明显，大致可以分为以下几种类形。

1. 地域标志

国徽、市徽、区徽及校徽、班徽等都属于这一类别。其最大特点是带有鲜明的区域特点，故称其为地域标志。该类型的标志在不同的方面反映出该地区的社会政治、经济、军事、文化、民族、历史及人文等方面的特点。表现形式、构思立意一般采用象征性手法，以点带面，强化和突出该地区特色。

2. 社会集团标志

这一类标志是指某一社会集团机构所使用的标志。包括机构标志、会议标志、企业标志和专业标志。机构标志的最大特点是根据自身的需要和特点，用固定的标志作为本机构的识别形象。从内容到形式要体现机构的特色、职能范围、服务对象和规模。会议标志主要是组织与会议结合的特质、规模等所使用的标志图形，分为长期和短期使用两种。会议标志一般都是某社会集团、企业的附属活动，因此会议标志相对具有某些灵活性和时间性。企业标志是企业进行商品活动的符号，是企业信誉、质量效益的视觉化形象。在当今的商业社会中企业标志的作用显得愈来愈重要，它与商标在经济活动中共同发挥巨大的催化剂作用。专业标志是指社会各专业机构的图形象征，有极强的专业特色，如出版、航空、铁路、海关、公安和医院等机构，其标志在立意和表现形式上各有其专业特点。突出专业特色是专业标志的最大特点。

3. 社会公益标志

社会公益标志包括交通标志、安全标志、公交活动标志和公益记忆符号等，主要是在社会公益活动中使用的一类识别图形。此类标志关系着社会活动与规范，是一种无国籍的标志，如交通标志是为车辆和行人的方便与安全而设计的识别图形；安全标志是警示人们在特定场合下的安全与防护；公交活动标志用于各类广泛、丰富的公益活动，其设计呈现出形式多样、五彩缤纷的局面，并带有活动的特色，有利于活动的开展，也便于活动的宣传。

4. 商品标志

商品标志简称商标，是企业产品的特定标志。通过这种标志可以辨明商品和企业，树立企业的质量信誉。商标与企业标志有必然的联系，但又有着明显的区别。企业标志可以与商标共用一个视觉形象，如美国的"可口可乐"，它既是企业标志又是商标。商标与企业标志可分别独立使用，商标的特点在于其商业化的特点和盈利目的。商标在相当程度上维系着企业的生存与发展，象征着企业的质量与信誉，是产、供、销三者的必然纽带。商标这种无形资产能为企业带来巨大的社会和经济效益。

4.3 标志的表现形式

标志作为一种符号性极强的设计，在其设计的形式与组合方面有自己独特的组合形式，要突出标志的组合形式还要突出标志独特的艺术语言和规律。标志的表现形式与组合大致有如下几种类型。

1. 图形组合

用相对具象的视觉纹样作标志的主体要素，该图形一般是商品品牌或公交活动主题的形象化。其最大特色是力求图形简洁、概括，且具有较强视觉冲击力的团块装饰风格，如图4-3所示。

2. 汉字组合

汉字作为标志设计的主体，已有相当久远的历史。汉字的组合需要选择适当的字体与字形，书法艺术中的真、草、隶、篆，美术字中的各类字体都可作为标志设计的素材。设计汉字组合的标志要遵循易识、易记的原则，使这种特殊形式的表现更加丰富多彩、千变万化，视觉效果要强烈，如图4-4所示。

图　4-3　　　　　　　　　　　　　　　图　4-4

3. 汉字与图形组合

此类形式的组合有图文并茂的艺术效果，如图4-5所示。有的以图形为主，把汉字进行装饰变化成为特定的图形，如"永久"牌自行车标志；也可以文字为主，附加以适当的图形进行装饰。这种标志组合时应注意整体风格的协调统一，自然天成，切忌生拼硬凑，视觉形象模糊。

4. 外文组合

外文组合包括英文字母、汉语拼音字母及拉丁字母的组合。外文组合可用品牌的全称字母进行组合，也可用其中某个代表性的字母单体进行设计。有的单纯洗炼，有的庄重朴实，有的轻盈活泼，有的典雅华贵。要根据特定的环境及要求，体现独特的创意思想，突出个性；结构要严谨，注意笔画间的方向转换、大小对比、高低呼应和结构的穿插，如图4-6所示。

5. 外文与图形组合

外文图形的组合要注意字母与图形的完整和统一性，结构要严谨，图形特点要鲜明、集中，视觉性强，如图4-7所示。

图　4-5　　　　　　　　图　4-6　　　　　　　　图　4-7

6. 汉字与外文字母组合

这类中西合璧的形式，要有机地体现东方的审美情趣与西方美的情调，如图4-8所示。

此种组合注重汉字与外文字的协调统一，汉字的笔画可巧妙地用外文字取代，也可表音与表意相结合，组成新单字或字组。另外，可用外文字母包容汉字把汉字嵌入图形，构成完整的画面。这类组合在造型上有较大的差异，设计中要认真分析是否有组合的必要及可行性，避免由于"硬性搭配"而破坏图形的视觉效果。

7. 数字组合

数字组合分汉字数字组合与阿拉伯数字组合，前者类似汉字组合。阿拉伯数字由于其本身的形式美和可塑性，常常作为标志设计的素材，多为独立使用，有时也与其他的图形相结合，成为一种形象鲜明的综合形象标志，如"三九集团"的"999"标志、"555"牌香烟标志等。数字组合效果如图4-9所示。

8. 抽象组合

抽象组合基本是利用几何形体或其他构成图形等组成标志的，体现出严谨感和律动感，富有想象力，能拓展出更加广阔的联想空间，如图4-10所示。它用相对抽象的形式符号来表达事物本质的特征。抽象组合有的属于一种象征意义表达，有的表义较为含蓄，有的则含糊不清，与所表达的事物在本质上没有任何联系，但都具有特定的象征意义。

图 4-8

图 4-9

图 4-10

4.4 标志的设计构思

标志是视觉形象的核心，构成了企业形象的基本特征，体现企业的内在气质，同时广泛传播、诉求大众认同的统一符号，视觉形象识别系统均由此繁衍而生。因此，标志设计艺术首先是商业艺术，是为商品服务的，其艺术性隶属于商品性。

标志设计构思有别于一般的艺术创作，它直接与企业和商品相联系，具有明确的商业目的，不仅要考虑标志设计的功能，而且还要考虑标志视觉美的表达，以及标志物和人的思维关联性等，其中有委托者的意图、要求，有商品销售过程中的心理因素，有国内外和各地区的民情风俗，还有区别于同类商品的竞争性，新开发的产品还要有独创性等因素制约；因此，标志设计中必须有超前意识，经得起时间的考验，否则很快就会落后于时代。其构思手法主要采用以下形式：

1. 表象手法

采用与标志对象直接关联而具典型特征的形象，直述标志的目的。这种手法直接、明确、一目了然，易于迅速理解和记忆。如表现出版业以书的形象为标志图形，表现铁路运输业采用火车头的形象，表现银行业以钱币的形象为标志图形等。

2．象征手法

采用与标志内容有某种意义上的联系的事物图形、文字、符号和色彩等，以比喻、形容等方式象征标志对象的抽象内涵。如用交叉的镰刀斧头象征工农联盟，用挺拔的幼苗象征少年儿童的茁壮成长等。象征性标志往往采用已为大众约定俗成地认同的关联物象作为有效代表物。如用鸽子象征和平，用雄狮、雄鹰象征英勇，用日、月象征永恒，用松鹤象征长寿，用白色象征纯洁，用绿色象征生命等。这种手段蕴涵深邃，适应社会心理，为人们喜闻乐见。

3．寓意手法

采用与标志含义相近似或具有寓意性的形象，以影射、暗示和示意的方式表现标志的内容和特点。如用伞的形象暗示防潮湿，用玻璃杯的形象暗示易破碎，用箭头形象示意方向等。

4．模拟和比拟法

即用特性相近事物形象模仿或比拟标志对象特征或含义的手法。如日本全日空航空公司采用仙鹤展翅的形象比拟飞行和祥瑞，日本佐川急便车采用奔跑的人物形象比拟特快专递等。

5．视感手法

采用并无特殊含义的简洁而形态独特的抽象图形、文字或符号，给人一种强烈的现代感、视觉冲击感或舒适感，引起人们注意并难以忘怀。这种手法不靠图形含义而主要靠图形、文字或符号的"视感"力量来表现标志。如日本五十铃公司以两个菱形为标志，李宁牌运动服将拼音字母"L"横向夸大为标志等。为使人辨明所标志的事物，这种标志往往配有少量小字，一旦人们认同这个标志，去掉小字也能辨别它。

4.5 标志设计的基本原则

标志设计作为一项独立的具有独特构思思维的设计活动，有着自身的规律和所需遵循的原则，在方寸之间要体现出多方位的设计理念。成功的标志设计可归纳为以下几个方面：强、美、独和象征。方寸之间的标志形象决定了它在形式上必须鲜明强烈，令人过目不忘。强，即为强烈的视觉感受，具有视觉的冲击力和团块效应；美，即为符合美的规律的优美造型和优美的寓意；独，即为独特的创意，举世无双；象征，有最洗练、简洁的象征之意，无任何牵强附会之感。较之其他艺术形式，标志有更加集中地表达主题的本领。造型因素和表现方法的单纯，使标志图形要像闪电般强烈，诗句般凝练，像信号灯般醒目。

1．准确定位

准确定位是标志设计传递主要信息的依据。把客观事物的本质、特色准确地表现出来，标志就要有定位。有了准确的定位和目标，标志才会有深刻的内涵和意义，其象征也就有了实际的价值。对标志准确定位的要求是符合该事物的基本特性，有强烈的时代感，造型形式新颖，如图4-11所示。

2．典型形象

典型的艺术形象反映事物的本质特征，是对自然形象的高度集中概括、提炼和理想化，如图 4-12 所示。典型形象来自作者对生活的深刻理解，也来自对表达角度的认真选择，还要依赖于作者对客观事物的整理加工和高度概括塑造。没有本质的形象是空洞乏味的，没有个性的设计就要产生雷同，其美感自然也就无从谈起。

图 4-11   图 4-12

3. 形式多样

标志的表现形式要依据内容和实用功能来确定。在保证外形完整、清晰的前提下，形式应多样化，如图 4-13 所示。形式应诱发人们的联想，不同的造型应给人以不同联想，内容与形式的完美结合应作为设计的首要原则；形式要有民族特色，具有民族性的才可能是大众性的；形式要有现代感，符合当今时代的审美情趣和欣赏心理要求。

4. 表现恰当

标志的内容与形式确定后，表现方法就成为关键所在。它是标志多样性的需要，如图 4-14 所示。主要有以下几种表述方式：直接表述，用最明确的文字或图形直接表达主题，开门见山，通俗易懂，一目了然；寓言表达，用与主题意义相似的事物表达商品或活动的某些特点；象征表述，用富于想象或相联系的事物，采用暗示的方法表示主题；同构，这是标志设计中经常采用的艺术形式，它是把主题相关的两个以上不同的形象，经过巧妙的组合将其化为一体的统一图形，包含了其他图形所具备的个性特质，使主题得以深化，联想更加丰富，形象结合自然巧妙，象征意义更加明确深刻。

5. 色彩鲜明

标志的色彩要求简洁明快，如图 4-15 所示。颜色的使用首先要适应其主题条件，其次要考虑使用范围，即环境、距离和大小等。由于色彩能引发一定的联想，因此其象征、寓意功能十分巨大。奥运会的五环标志就是一个最好的例证。色彩的使用必须做到简洁，能用一色表达绝不用二色重复。

图 4-13   图 4-14   图 4-15

4.6 选择区域的创建和编辑

在第 3 章中，大家对选区有了初步的了解。选区是 Photoshop 中最重要的内容之一，在创作过程中，许多操作都需在限定的选区范围内完成；当创建了选区后，所有的操作只能对选区内的对象发生作用，而选区外的对象则不受影响，因此熟练掌握选区的创建是学好 Photoshop 的关键。

4.6.1 选框工具组

选框工具组中包含 4 种工具：矩形选框工具、椭圆选框工具、单行选框工具和单列选框工具。默认情况下只显示矩形选框工具；将鼠标指针放置在此工具上，按住鼠标左键不放或单击鼠标右键，可以展开隐藏的工具组，如图 4-16 所示。其中矩形选框工具和椭圆选框工具的右侧都有一个字母 "M"，表示是该工具的快捷键。

- 矩形选框工具：主要用于在画面中绘制正方形或矩形选区。激活该工具，按住鼠标左键在画面中拖曳即可。
- 椭圆选框工具：主要用于在画面中绘制圆或椭圆选区。激活该工具，按住鼠标左键在画面中拖曳即可。

在拖曳过程中，如果按住 Shift 键，则绘制的选区为正方形或圆；如果按住 Alt 键，则在绘制选区时将形成以鼠标单击的位置为中心向四周扩展的选区；如果按住 Shift+Alt 键，则可以绘制以鼠标单击的位置为中心向四周扩展的正方形或圆。

- 单行选框工具和单列选框工具：主要用于创建 1 像素高和 1 像素宽的选区。激活该工具，在画面中单击即可。

椭圆选框工具与矩形选框工具的属性栏基本相同，下面以矩形选框工具为例进行介绍。激活 "矩形选框工具"，打开其属性栏，如图 4-17 所示。

图 4-16   图 4-17

1. "新选区" 按钮

默认状态下此按钮处于激活状态，此时在画面中依次绘制选区时，画面中将始终保留最后一次绘制的选区。

2. "添加到选区" 按钮

激活此按钮，在画面中绘制选区时，新建选区将与原选区合并为一个选区，如图 4-18 所示。

3. "从选区减去" 按钮

激活此按钮，在画面中绘制选区时，如果新建选区与原选区有相交部分，则从原选区中减掉相交部分，并将剩余部分作为新选区，如图 4-19 所示。

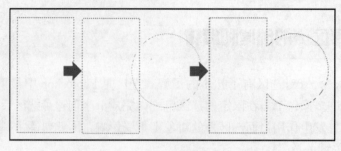

图 4-18

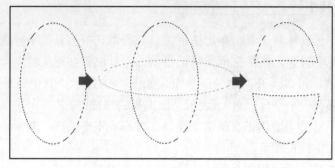

图 4-19

4."与选区交叉"按钮

激活此按钮，在画面中绘制选区时，如果新建选区与原选区有相交部分，则将相交部分作为新选区，如图 4-20 所示；如果新建选区与原选区无相交部分，则弹出如图 4-21 所示的警告对话框。

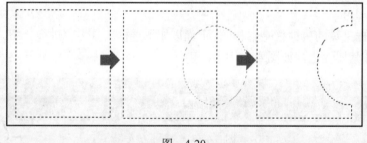

图　4-20　　　　　　　　　　　　　　　　图　4-21

在绘制多个选区时，如果按住 Shift 键同样可以将当前选区状态切换到"添加到选区"状态；如果按住 Alt 键同样可以将当前选区状态切换到"从选区减去"状态；如果按住 Shift+Alt 键可以将当前选区状态切换到与选区交叉状态。

5.羽化

通过改变羽化值为选区设置羽化属性，从而满足图像边缘及填充颜色后，保证轮廓边缘平滑过渡消失的虚化效果。设置羽化值有以下两种方法：

（1）在没有创建选区的前提下，首先在其属性栏中设置羽化值，然后可直接绘制具有羽化效果的选区。

（2）完成选区创建后，选择"选择"→"调整边缘"命令，或单击属性栏中的"调整

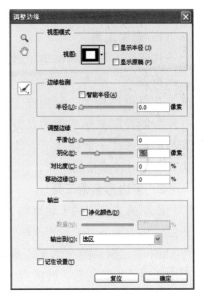

边缘"按钮，在弹出的对话框中按图 4-22 所示设置羽化值，同样可以达到目的。其中各选项介绍如下。

- 视图模式：从弹出式菜单中选择一个模式以更改选区的显示方式。选中"显示半径"复选框，在发生边缘调整的位置显示选区边框。选中"显示原稿"复选框，显示原始选区以进行比较。

- 半径：决定选区边界周围的区域大小，将在此区域中进行边缘调整。增加半径可以在包含柔化过渡或细节的区域中创建更加精确的选区边界，如短的毛发中的边界或模糊边界。

- 平滑：减少选区边界中的不规则区域（"山峰"和"低谷"），创建更加平滑的轮廓。输入一个值或将滑块在 0 ～ 100 之间移动。

- 羽化：在选区及其周围像素之间创建柔化边缘过渡。输入一个值或移动滑块以定义羽化边缘的宽度（从 0 ～ 250 像素）。

图 4-22

- 对比度：锐化选区边缘并去除模糊的不自然感。增加对比度可以移去由于"半径"设置过高而导致在选区边缘附近产生的过多杂色。

- 移动边缘：收缩或扩展选区边界。输入一个值或移动滑块以设置一个介于 0% ～ 100% 之间的数以进行扩展，或设置一个介于 -100% ～ 0% 之间的数以进行收缩。这对柔化边缘选区进行微调很有用。收缩选区有助于从选区边缘移去不需要的背景色。

两种方法各有利弊，但是第二种方法相对灵活，便于修改羽化值。羽化值越大，图像产生的羽化效果越明显，但羽化值必须小于选区的最小半径，否则将会弹出如图 4-23 所示的警告对话框，提示用户应该注意的问题。

图 4-23

6. "消除锯齿"复选框

在 Photoshop 中，位图图像是由许多不同颜色的正方形像素点组成的，所以在编辑圆形或弧形图形时，其边缘常会出现锯齿。选中此复选框后，系统将自动淡化图像边缘，使图像边缘和背景之间产生平滑的颜色过渡。

7. 样式

其下拉列表中包括以下 3 种形式。

- "正常"选项：选择此选项，可以在图像中创建任意大小或比例的选区。

- "固定比例"选项：选择此选项，可以通过设置宽度和长度比值来确定对象的比例。

- "固定大小"选项：选择此选项，可以直接通过设置宽度和长度值来确定对象的大小。

4.6.2 套索工具组

该工具组中的工具具有使用灵活且形状变化各异的特点，该组包括套索工具、多边形套索工具和磁性套索工具。

1. 套索工具

其使用方法如同铅笔工具一样，只需按住鼠标左键，根据需要绘制不同选区即可，该工具自由性较大。利用该工具时，必须要有较强的控制鼠标的能力，方能绘制出线条流畅的选区。一般情况下，此工具用于对形状要求相对较宽松的对象，如图 4-24 所示。

图　4-24

2. 多边形套索工具

该工具主要应用于轮廓线为直线条的对象。首先在对象轮廓的任意位置单击，然后松开鼠标移动到下个位置再次单击，如此进行下去，首尾结合即可。在绘制过程中，如果按住 Shift 键，则只能在水平、垂直或 45°方向绘制选区；按 Backspace 键或 Delete 键，可逐步撤销已绘制的选区转折点；双击鼠标可闭合选区，如图 4-25 所示。

3. 磁性套索工具

该工具主要用于对象轮廓线较清楚或与背景色对比强烈的情况。首先在对象的轮廓边缘单击绘制起点，然后沿图像的边缘拖移鼠标，此时选区轮廓会自动吸附在对象的边缘，直至首尾结合即可，如图 4-26 所示。

图　4-25　　　　　　　　　　　　　　　　图　4-26

这 3 种套索工具中，磁性套索工具的属性栏相对比较特殊，如图 4-27 所示。

图　4-27

- 宽度：决定使用该工具时的探测宽度，数值越大探测范围越大。
- 对比度：决定该工具探测图形边界的灵敏度，数值过大时，将只能对颜色分界明显的边缘进行探测。
- 频率：利用磁性套索工具绘制选区时，会有许多的小矩形对图像的选区进行固定，以确保选区不被移动。该选项决定这些小矩形出现的次数，数值越大，出现的小矩形越多。
- "钢笔压力"按钮 ：当安装了绘图板和驱动程序后此按钮方可使用，主要用于设置绘图板的笔刷压力，当单击此按钮时笔尖的压力增加，会使套索的宽度变细。

4.6.3 魔棒工具组

魔棒工具组包括快速选择工具和魔棒工具，二者在使用方法上差别较大。

1. 快速选择工具

使用快速选择工具可快速绘制选区。拖动时，选区会向外扩展并自动查找和跟随图像中定义的边缘。

要更改快速选择工具的画笔笔头大小，可单击属性栏中的"画笔"按钮并输入像素大小或移动"大小"滑块，如图 4-28 所示。

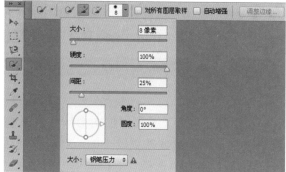

图　4-28

- "新选区"按钮：默认状态下此按钮处于激活状态，此时在图像中按住鼠标左键拖动可以绘制新的选区。

- "添加到选区"按钮：当画面中已有选区，激活快速选择工具后，该选项自动处于激活状态，单击即可使用。

- "从选区减去"按钮：激活此按钮，可以将画面中的已有选区通过拖移鼠标减少选区范围。

- "对所有图层取样"复选框：选中此复选框，在绘制选区时将应用到所有可见图层。

- "自动增强"复选框：选中此复选框，添加的选区边缘会减少锯齿的粗糙程度，且自动将选区向图像边缘进一步扩展调整。

设置"大小"选项，使画笔笔头大小随钢笔压力或光笔轮而变化；在建立选区时，按右方括号键（]）可增大快速选择工具画笔笔头的大小；按左方括号键（[）可减小快速选择工具画笔笔头的大小。快速选择工具应用案例如图 4-29 所示。

图　4-29

2. 魔棒工具

利用魔棒工具可以选择鼠标指针周围颜色相同或相近的区域，在实际图像处理中，一般用来选择成片的色域。其工具属性栏如图 4-30 所示，其中主要选项介绍如下。

- 容差：用于设置颜色取样的范围，该值越大，选择颜色区域越广；值越小，颜色区域选择得越精确。
- "消除锯齿"复选框：选中该复选框，可使选择区域边缘平滑。
- "连续"复选框：选中该复选框，表示仅选取与单击点颜色相同且与之相连的区域。
- "对所有图层取样"复选框：对于拥有多个图层的图像来说，选中此复选框，将对所有图层产生作用，否则只对当前图层起作用。

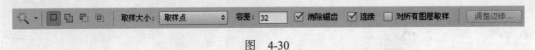

图 4-30

虽然利用魔棒工具可根据图像颜色快速绘制出选区，但在许多时候要选择的区域的色彩通常是不连续或差别较小的，此时仅使用魔棒工具往往难以得到满意效果。对此，Photoshop CS6 在"选择"下拉菜单中提供了"反向"、"扩大选取"和"选取相似"3个命令，方便用户创建合乎要求的选区。"扩大选取"和"选取相似"命令的最大区别在于，"扩大选取"命令要求所选择的区域必须是相互有联系的且具有连续性，而"选取相似"命令则不论所选择的区域是否存在联系，只要像素相近即可全部选择。用户只需用魔棒工具单击部分选取区域，然后利用"扩大选取"和"选取相似"中的一个命令即可完成选择。

4.6.4 色彩范围

色彩范围与魔棒工具的功能相似，同样可以根据容差值与选择的颜色样本创建选区，其主要优势在于它可以根据图像中色彩的变化情况设定选择程度的变化，从而使选择操作更加灵活、准确。

如图 4-31 所示，打开图像，选择"选择"→"色彩范围"命令，在其对话框中用吸管定位颜色，然后调整容差参数，单击"确定"按钮，如图 4-32 所示，效果如图 4-33 所示。选择"图像"→"调整"→"色相/饱和度"命令，调整参数，效果如图 4-34 所示。

图 4-31

图 4-32

图 4-33　　　　　　　　　　　图 4-34

4.7 填充颜色工具组

填充颜色工具组的主要作用是为图像文件填充颜色或图案，其中包括渐变工具和油漆桶工具。

4.7.1 渐变工具

该工具可以创建一种颜色到另一种颜色或多种颜色相互之间的过渡效果。激活"渐变工具"，打开其属性栏，如图 4-35 所示。

图 4-35

● "点按可编辑渐变"按钮：单击色带部分，将弹出如图 4-36 所示的"渐变编辑器"窗口，用于编辑渐变色。单击倒立三角形按钮，可从下拉列表中选择多种形式。如果这些渐变形式不能满足要求，可单击下拉列表右侧的三角形按钮，其中包括 10 种选项，如图 4-37 所示。

 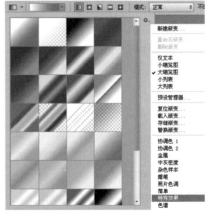

图 4-36　　　　　　　　　　　图 4-37

● "线性渐变"按钮：可以在画面中填充由起点到终点的线性渐变。

- "径向渐变"按钮：可以在画面中填充以起点为中心，鼠标拖动的距离为半径的环形渐变效果。
- "角度渐变"按钮：可以在画面中填充以起点为中心，从鼠标拖动的方向起旋转一周的锥形渐变效果。
- "对称渐变"按钮：可以产生由渐变起点到终点的线性渐变效果，且以经过起点与拖移方向垂直的直线为对称轴的轴对称直线渐变效果。
- "菱形渐变"按钮：可以在画面中填充以起点为中心，鼠标拖动的距离为半径的菱形渐变效果。

选择不同渐变类型时产生的双色渐变效果如图 4-38 所示。

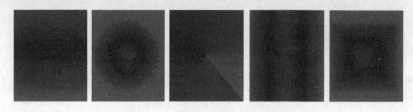

图　4-38

- 模式：用于设置填充颜色或图案与原图像所产生的混合效果。
- 不透明度：用于设置填充颜色或图案的不透明度。
- "反向"复选框：选中此复选框，在填充渐变色时，会颠倒填充的渐变颜色的排列顺序。
- "仿色"复选框：选中此复选框，可以使渐变颜色之间的过渡更加柔和。
- "透明区域"复选框：选中此复选框，在"渐变编辑器"对话框选项中渐变选项的不透明度才会生效，否则将不支持。

4.7.2　渐变编辑器

在实际设计中，往往采用两种以上颜色之间的渐变形式，因此单击"点按可编辑渐变"按钮，如图 4-39 所示，打开渐变编辑器，重新编辑不同的渐变形式。

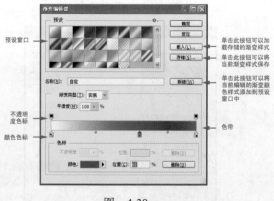

图　4-39

- 预设：在其中提供了多种渐变样式，单击缩略图即可选择。
- 渐变类型：该下拉列表框中提供了两种渐变类型，分别为"实底"和"杂色"。通常情况下采用"实底"类型。如果采用"杂色"类型，注意该窗口中的"随机化"按钮的使用。
- 平滑度：用于设置渐变颜色过渡的平滑程度。
- "不透明度色标"按钮：用于调整该位置的颜色透明度大小，当色带完全不透明时，色标显示为黑色；当色带完全透明时，色标显示为白色，否则为灰色。

- "颜色色标"按钮 ：当显示为 时，表示此颜色为前景色；当按钮显示为 时表示此颜色为背景色；当按钮显示为 时表示此颜色为自定义颜色；在编辑过程中可以任意添加或删除此按钮，添加时只需在相应位置双击即可。
- 颜色：当选择一个颜色色标后，其色块显示的是当前使用的颜色，单击该色块或在色标上双击，可在弹出的"拾色器"对话框中设置色标的颜色；单击右侧三角按钮 可将色标设置为前景色、背景色或用户颜色。在编辑过程中可以任意添加或删除按钮，添加时只需在相应位置双击即可。
- 位置：可以设置色标按钮在整个色带上的百分比。
- "删除"按钮：单击此按钮可以删除当前选择的色标。

4.7.3　油漆桶工具

使用该工具可以填充前景色和图案，激活该工具，打开属性栏，如图 4-40 所示。

图　4-40

- "设置填充区域的源"下拉列表框 ：用于设置向画面或选区中填充的内容，包括"前景"和"图案"两个选项。当选择"前景"选项时，填充的色彩为前景色；当选择"图案"选项时，在其右侧的窗口中会显示图案内容，当然也可以选择其他图案内容。
- 容差：控制图像中填充颜色或图案的范围，数值越大则填充的范围越大。
- "连续的"复选框：选中此复选框，填充时只能填充与单击处颜色相近且相连的区域，反之，则填充与单击处颜色相近的所有区域。
- "所有图层"复选框：选中此复选框，填充的范围是图像文件中的所有图层。

4.7.4　选区应用

01 打开文件"花"，如图 4-41 所示，激活工具箱中的"快速选择工具"，将两朵花逐个选取。

02 选择"选择"→"修改"→"扩展"命令，在如图 4-42 所示的对话框中设置"扩展量"为 52 像素。单击"确定"按钮，效果如图 4-43 所示。

图　4-41

03 选择"选择"→"调整边缘"命令，如图 4-44 所示，设置羽化半径为 20 像素。

04 选择"选择"→"反向"命令，将选区反转，效果如图 4-45 所示。

05 将背景色设置为白色，按 Delete 键删除选区，效果如图 4-46 所示。

06 选择"选择"→"反向"命令，将选区再反转。选择"编辑"→"拷贝"和"编辑"→"粘贴"命令，得到新的图层"图层 1"，如图 4-47 所示。

图 4-42   图 4-43   图 4-44

图 4-45   图 4-46   图 4-47

07 以背景层为当前选择层，选择"选择"→"全选"命令，然后激活"矩形选框工具"，按住 Alt 键减选部分选区，效果如图 4-48 所示。

08 如图 4-49 所示，设置前景色为绿色。激活"油漆桶工具"，将选区填充，效果如图 4-50 所示。

图 4-48   图 4-49   图 4-50

4.7.5 渐变与填充工具应用

01 新建文件，"宽度"、"高度"等参数设置如图 4-51 所示。

02 设置前景色为"大红色"。激活工具箱中的"自定形状工具"，如图 4-52 所示，在其相应的属性栏中选择"会话 1"形态，工具模式为"像素"。

图　4-51

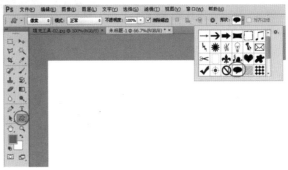

图　4-52

03 在"图层"面板中，新建图层"图层 1"。设置前景色为 R:255、G:0、B:0。激活"自定形状工具"，在其属性栏中选择自定形状，以"图层 1"为当前层，绘制如图 4-53 所示图形。

04 在"图层"面板中，单击"锁定透明像素"按钮，如图 4-54 所示。

05 激活工具箱中的"渐变工具"，如图 4-55 所示，在其相应的属性栏中选择填充形态为"径向"，单击"点按可编辑渐变"按钮。

图　4-53

图　4-54

图　4-55

06 在弹出的"渐变编辑器"对话框中做如图 4-56 所示设置，然后单击"新建"按钮，将编辑好的渐变效果存储到"预设"窗口中。

07 以图形中心偏左上的位置为起点，右侧边缘为终点，拖出渐变填充效果，如图 4-57 所示。

08 在"图层"面板中，新建"图层 2"，如图 4-58 所示。

图 4-56　　　　　　　　　　　　　图 4-57　　　　　　　　　　　　图 4-58

09 激活工具箱中的"椭圆选框工具"，在如图 4-59 所示位置绘制一个椭圆选区。

10 设置前景色为白色，激活工具箱中的"渐变工具"，单击"点按可编辑渐变"按钮，选择"前景色到透明渐变"，选择填充形态为"线性渐变"，如图 4-60 所示。

11 自左上到右下拖出渐变效果，如图 4-61 所示，注意在拖曳鼠标时，不要反复填充，如果一次填充效果不好，则恢复填充前的历史重新填充。

12 激活工具箱中的"横排文字工具"，在其相应的属性栏中选择合适的字体，在画面中输入文字"hello!"，并调整大小，效果如图 4-62 所示。

图 4-59

图 4-60　　　　　　　　　　　　图 4-61　　　　　　　　　　　　图 4-62

4.8 标志设计解析

4.8.1　橙果音乐标志设计

橙果音乐标志设计效果如图 4-63 所示。设计步骤如下。

01 选择"文件"→"新建"命令,设置如图 4-64 所示参数,单击"确定"按钮。

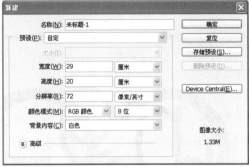

图　4-63　　　　　　　　　　　　　　　　　图　4-64

02 激活"横排文字工具",在画面中输入大写字母"C",并在其属性栏中合理设置
字体及大小,效果如图 4-65 所示。

03 此时在"图层"面板中自动生成文字层"C"图层,如图 4-66 所示,复制"C"
图层为"C 副本"图层。

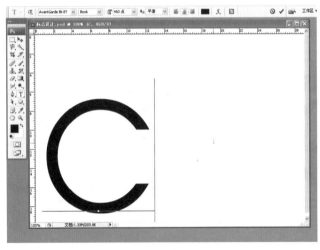

图　4-65　　　　　　　　　　　　　　　　　图　4-66

04 以"C 副本"为当前层,并将"C"更改为"G",效果如图 4-67 所示(这样操作
可以保证字体、字号不被改变)。

05 继续在画面中输入小写字母"h",调整大小和字体并移动位置,效果如图 4-68 所示。

图　4-67　　　　　　　　　　　　　　　　　图　4-68

06 再分别输入其他几个字母"e"、"n"、"g"、"o"、"u"，并分别调整至如图 4-69 所示的位置（此时"图层"面板如图 4-70 所示，每个字母占据一个图层）。

图 4-69　　　　　　　　　　　　　　　图 4-70

07 改变输入法，输入中文"橙果音乐"，并调整字体和大小，效果如图 4-71 所示。

08 选择"窗口"→"字符"命令，打开如图 4-72 所示的"字符"面板并调整字距。

图 4-71　　　　　　　　　　　　　　　图 4-72

09 如图 4-73 所示，将"果"字和"乐"字设置基线偏移，偏移量在 -20 左右。

10 调整中文文字后，效果如图 4-74 所示。

图 4-73　　　　　　　　　　　　　　　图 4-74

11 激活"移动工具",在其属性栏中选中"自动
选择"复选框,如图 4-75 所示。

图 4-75

12 用"移动工具"在画面中框选一下,可以看
到"图层"面板中除背景层以外的所有层都被选取,如图 4-76 所示。

13 选择"图层"→"合并图层"命令,将选择的图层合并为"橙果音乐"层,如
图 4-77 所示。

14 复制图层"橙果音乐"为"橙果音乐副本",如图 4-78 所示。

15 以"橙果音乐"为当前层,单击"图层"面板下方的"添加图层样式"按钮,如
图 4-79 所示,在弹出的菜单中选择"颜色叠加"命令。

图 4-76   图 4-77   图 4-78   图 4-79

16 在其"图层样式"对话
框中设置颜色为 C:0、
M:30、Y:100、K:0, 如
图 4-80 所示。

17 设置"颜色叠加"后,
再选择"斜面和浮雕"
选项,按图 4-81 所示设
置参数。

18 再选择"描边"选项,
设置描边大小为 4 像
素,颜色为 C:50、M:0、
Y:15、K:0, 如 图 4-82
所示。最后选择"投影"
选项。

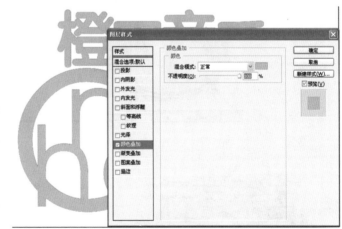

图 4-80

19 单击"确定"按钮,效果如图 4-83 所示。

20 此时"图层"面板如图 4-84 所示,"橙果音乐"图层共采用 4 种样式。

21 以"橙果音乐副本"为当前选择层。选择"滤镜"→"其他"→"最小值"命令,
在如图 4-85 所示的对话框中设置半径为 25。单击"确定"按钮,效果如图 4-86

所示。

图 4-81

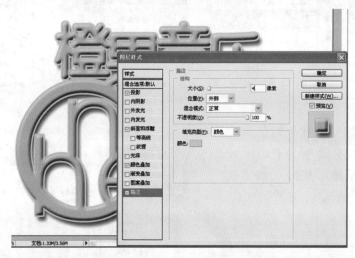

图 4-82

图 4-83   图 4-84   图 4-85

22 单击"图层样式"按钮，如图 4-87 所示，选择"纹理"图案及"颜色叠加"选项，
颜色为 C:80、M:80、Y:0、K:0。

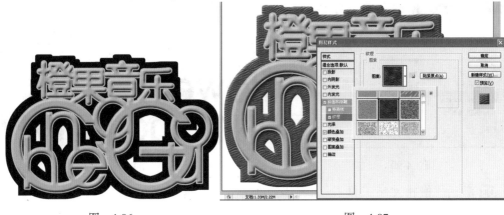

图 4-86 图 4-87

23 设置"等高线"选项，将等高线效果调整为如图 4-88 所示的曲线效果，单击"确定"按钮，音乐标志制作完成。

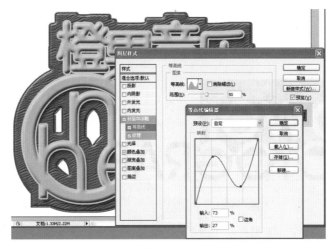

图 4-88

4.8.2 PHOTOGRAPHY标志设计

PHOTOGRAPHY 标志设计效果如图 4-89 所示。设计步骤如下。

图 4-89

01 新建文件，根据设计需要，设置如图 4-90 所示的参数，单击"确定"按钮即可。

02 激活工具箱中的"横排文字工具"，在画面中输入英文"Flower PHOTOGRAPHY"，字体、大小及行距参照"字符"面板，如图 4-91 所示。

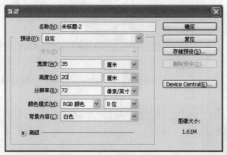

图 4-90　　　　　　　　　　　　　　　　图 4-91

03 激活"横排文字工具"，如图 4-92 所示，选取第一排文字，将文字大小调整为"180 点"。

04 在"图层"面板中，在文字层单击鼠标右键，在弹出的快捷菜单中选择"栅格化文字"命令，将文字层转化为普通层，如图 4-93 所示。

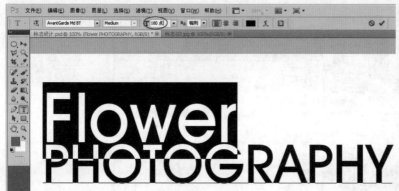

图 4-92　　　　　　　　　　　　　　　　图 4-93

05 激活工具箱中的"椭圆选框工具"，在字母"O"上面绘制一个如图 4-94 所示大小的圆形选区。

06 设置前景色为黑色，激活"填充工具"并填充黑色，效果如图 4-95 所示。

07 在"图层"面板中，新建"图层 1"。激活工具箱中的"钢笔工具"，绘制一个如图 4-96 所示的花瓣形状路径（在绘制过程中可通过"直接选择工具"调整节点和线条，使线条流畅）。

图 4-94　　　　　　　　　图 4-95　　　　　　　　　图 4-96

08 切换到"路径"面板，单击面板下方的"将路径作为选区载入"按钮，如图 4-97 所示。

09 设置前景色为 C:0、M:100、Y:20、K:0 并填充，效果如图 4-98 所示。

10 在"图层"面板中，如图 4-99 所示，复制"图层 1"为"图层 1 副本"，并安置在"图层 1"的下面。

图　4-97　　　　　　　　图　4-98　　　　　　　　图　4-99

11 按 Ctrl+T 键，将其旋转一定角度并缩小，效果如图 4-100 所示。

12 在"图层"面板中，设置"不透明度"为 60%，如图 4-101 所示。

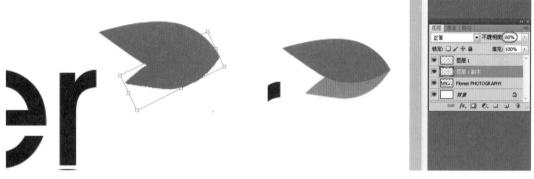

图　4-100　　　　　　　　　　　　图　4-101

13 如图 4-102 所示，复制"图层 1 副本"为"图层 1 副本 2"，并置于"图层 1 副本"的下面。

14 按 Ctrl+T 键旋转一定角度并缩小，在"图层"面板中设置"不透明度"为 30%，效果如图 4-103 所示。

15 在"图层"面板中按住 Ctrl 键，分别按顺序单击"图层 1 副本 2"、"图层 1 副本"和"图层 1"，选择"图层"→"合并图层"命令，如图 4-104 所示，将 3 个图层合为一个图层"图层 1"。

图　4-102　　　　　　　　图　4-103　　　　　　　　图　4-104

16 复制"图层 1"为"图层 1 副本"并置于"图层 1"之上，如图 4-105 所示。

17 选择"编辑"→"变换"→"水平翻转"命令，然后按 Ctrl+T 键，将其旋转一定角度，激活工具箱中的"移动工具"，将图形移动到如图 4-106 所示的位置。

18 在"图层"面板中选择"图层"→"向下合并"命令，如图 4-107 所示，将"图层 1 副本"合并到"图层 1"。

图 4-105   图 4-106   图 4-107

19 在"图层"面板中新建"图层 2"，如图 4-108 所示，置于"图层 1"的下面。

20 激活工具箱中的"多边形套索工具"，如图 4-109 所示，沿着花的外围绘制一个选框。

21 填充白色（为方便观察关闭了背景层的眼睛），如图 4-110 所示。将"图层 1"合并到"图层 2"。（填充白色的目的是消除"图层 1"中的透明度特性，否则当把标志放在深色背景上时会将背景显露出来）。

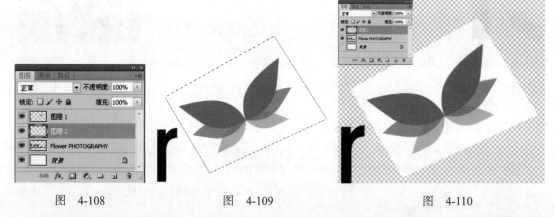

图 4-108   图 4-109   图 4-110

22 激活工具箱中的"魔棒工具"选取白色部分，按 Delete 键删除，效果如图 4-111 所示。

23 在"图层"面板中复制"图层 2"为"图层 2 副本"，并将其调整在"图层 2"的下面，如图 4-112 所示。

24 将复制的图形移动至字母"O"的位置，调整大小，效果如图 4-113 所示。

25 以文字层为当前选择层，按住 Ctrl 键单击"图层 2 副本"的预览窗，加载"图层 2 副本"的选区。

26 按 Delete 键删除选区，然后将"图层 2 副本"图层删除，效果如图 4-114 所示。

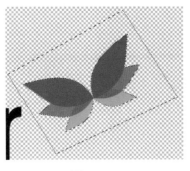

图 4-111

图 4-112

图 4-113

图 4-114

思考与练习

（1）掌握标志的表现形式及设计的基本原则。

（2）熟练掌握魔术棒工具及快速选择工具的使用方法。

（3）熟练掌握渐变编辑器的使用方法。

（4）临摹如图 4-115 和图 4-116 所示作品。

图 4-115

图 4-116

Chapter

05

广 告 设 计

本章内容

5.1 广告概述

5.2 修复、修饰工具

5.3 广告设计案例解析

5.1 广告概述

作为一种信息传递的艺术，广告就是通过一定的媒体向人群传达某一种信息，以达到一定目的的信息传播活动；而广告设计便是如何将某种信息传播和如何实施传播的计划，主要包括广告的策划、广告创意、广告方案、广告媒体的选择和广告制作的技巧。

5.1.1 广告的功能与要素

1. 广告的功能

广告的基本功能是传播某种社会信息或商品的信息，加速流通、指导消费、有利竞争。设计广告时要注意其倡导作用及广告内容的思想性，在正确观念的指导下继承、发扬优良的民族传统，具有健康的格调和高尚的审美情趣。

2. 广告要素

（1）广告非形象化成分

广告的非形象化成分主要指文字部分，其中包括标题、口号和正文，如图 5-1 所示，这也是广告的固定成分。

标题作为最吸引人的部分，在广告中占据核心地位，具有十分强烈的吸引力和选择力。从阅读的角度讲，标题传达了广告的内容，让消费者明确广告的目的。

口号在广告中往往是固定使用、重复使用的宣传语，即用最为简练、最易记忆的语言把商品的广告主题清楚地表达出来。口号多半

图 5-1

是从标语中演化出来的，起到唤起受众注意的作用。

广告正文基本上是标语的发挥和解释，其作用是使受众走向广告宣传的目标——借助有趣味的和建议性的文字内容来引起读者的兴趣，为其提供令人信服的信息，促使其接受并去喜爱广告中的商品形象。

（2）广告形象化成分

主要指广告中的可视图形图像的形象，包括摄影和绘画两部分。

摄影是广告中最为形象化的因素，具有真实、生动、优美、新颖、可信的特征，宣传力、号召力和感染力强。由于具有十分强烈的写实能力，可准确、真实地再现物象外部的结构、质感、色彩及瞬间的动势感受，摄影在广告设计中得到最为广泛的应用，如图 5-2 所示，其表现力尤显丰富，可以进行巧妙的构思，可使用各种造型手段，运用各种表现形式和手法对物象进行对比、烘托、渲染、寓意等，把思想概念形象化，富有感情色彩和艺术魅力。

绘画在广告中具有最稳定的特性，自广告诞生之日起，绘画的表现就一直伴随着广告

艺术发展到今天。在艺术构思方面，绘画十分自由灵活，各种构思方法均可运用，如浪漫的、抽象的、简约的、夸张的、虚拟的……这是绘图广告构思的优势。在表现手法上，绘画更具有自己的特色，可根据广告构思的需要灵活运用各种绘画形式，如中国画、油画、水彩、水粉、版画和卡通漫画等，如图 5-3 所示。以体现出不同精神内涵和广告的信息传递作用。由于更具有艺术品质的内涵，绘画比一般的摄影更具艺术吸引力。摄影往往以真实的场景和物象来吸引人，但从更深层次的心理和文化因素来讲，绘画的表现更高一筹，更具有独立的艺术欣赏性和艺术价值。

图 5-2

图 5-3

（3）广告色彩部分

主要指色彩在广告运用上表现出本身的特质，即色彩三要素——色彩的明度、纯度和色相。几乎所有广告设计都具有色彩的成分要素。色彩在视觉传达中占有可视的第一作用，当我们一眼看到某个广告时，首先是被其色彩要素所吸引。色彩传达出商品的第一信息，因此，历来各类广告设计都在色彩的运用上追求独特，以展示出特别的效果。色彩的象征性、情感性的魅力，是色彩在广告中运用成功与否的关键。不同的创意，要展现出不同色彩的魅力，体现出不同文化内涵和商品特性，如图 5-4 和图 5-5 所示为不同的色彩所体现出的不同广告效果。

图 5-4

图 5-5

非形象化的因素和形象化的因素及色彩因素在实际运用中相互影响和联系，共同构成了一幅完整的广告画面。文字要配合图形，色彩要体现形象，一切为主题服务，这就是广告要素之间最恰当的关系。

5.1.2 广告设计的艺术构思

1. 广告的策划研究

任何艺术创作都需要积累基本的素材、充分了解受众对象，广告设计当然也不例外，同样需要建立在可靠的消费者行为、市场调研和产品分析的基础之上。必要的市场调查、消费者心理研究及产品分析，可使设计人员有的放矢地进行画面规划，突出特点，进行准确的市场定位，最大限度地发挥广告的效力，进而赢得良好的社会效益和经济效益；而离开这一切，广告的效果可想而知。

- 消费者行为研究：指消费者在购买和使用商品时的所有行为。消费者行为直接关系到商品和经济效益。消费者的消费行为与自身的内在因素有关，这种因素可能通过广告宣传而受到不同程度的激发。
- 产品分析研究：产品分析是从市场经营角度对商品进行全面的分析，找出比竞争对象更具优点或吸引力之处。
- 市场调研与预测分析：主要指对于消费者、经销者和竞争者三方面的调研。首先要搞清楚商品的消费对象在哪里，消费者需要什么样的商品，需要量有多大，何时购买，如何购买以及如何使用等。

2. 广告设计的构思方式与表现

广告设计的构思方式是设计者通过对商品及事物具体形象的感受和认识，在作品孕育过程中所进行的一系列复杂的思维活动。包括确定主题、提炼题材、考虑画面结构和运用最恰当的表现形式等。

构思首先是从对商品本身及作用等方面反复了解和观察分析开始的，通过其某些特点形态、时态，设计者会领悟出某种意义的观念和商品美的本质所在，进而激发出创作欲望。其后，设计者要不断地把这个正在构思的形象逐步明确化和具体化，力求包容广告内涵，进一步加工成为具体的艺术形象。这时的形象应该更加具有鲜明的个性，更加典型，更利于商品的推销。这是一个反复探索、精益求精的过程。作者在构思过程中要经常以不断的想象和情感来对设计过程进行调节和渗透，推动构思，使艺术形象的创造趋于完美，最终实现广告设计目标，如图 5-6 和图 5-7 所示。

图　5-6

图　5-7

5.2 修复、修饰工具

使用修复、修饰工具可以轻松修复破损或有缺陷的图像，如果想去除照片中多余或不完整的区域，利用相应的修复工具也可以轻松完成。修饰工具是为照片制作各种特效较为快捷的工具之一，包括模糊、锐化、减淡和加深处理等。

5.2.1 修复画笔工具组

修复画笔工具组包括污点修复画笔工具 、修复画笔工具 、修补工具 、内容感知移动工具 和红眼工具 ，利用这5种工具可以修复有缺陷的对象。

1. 污点修复画笔工具

利用该工具可以快速去除照片中的污点，尤其是对人物面部的疤痕、雀斑等小范围内的缺陷修复最为有效。其修复原理是在所修饰图像位置的周围自动取样，然后将其与所修复位置的图像融合，得到理想的颜色匹配效果。

激活该工具，在如图5-8所示的属性栏中设置合适的画笔大小和选项，然后在图像的污点位置单击即可去除污点。

图 5-8

- "近似匹配"单选按钮：选中该单选按钮后，将自动选择相匹配的颜色来修复图像的缺陷。
- "创建纹理"单选按钮：选中该单选按钮后，在修复图像缺陷后会自动生成一层纹理。
- "内容识别"单选按钮：比较附近的图像内容，不留痕迹地填充选区，同时保留让图像栩栩如生的关键细节，如阴影和对象边缘。
- "对所有图层取样"复选框：选中该复选框后，可以在所有可见图层中取样，取消选中该复选框，只对当前图层取样。

打开素材，如图5-9所示，在人物颈部有两颗痣，激活"污点修复画笔工具"，分别单击两颗痣即可去除，效果如图5-10所示。污点修复画笔工具不要求指定样本点，其将自动从所修饰区域的周围取样。

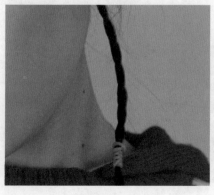

图 5-9

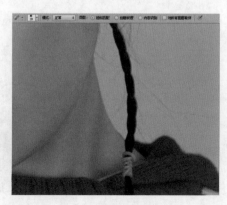

图 5-10

2. 修复画笔工具

该工具与污点修复画笔工具的修复原理基本相似，都是将目标位置没有缺陷的图像与被修复位置有缺陷的图像进行融合后得到理想的匹配效果，但使用修复画笔工具时需要首先设置取样点，即按住 Alt 键，在取样点位置单击，确定为复制图像的取样点，放开 Alt 键，然后在需要修复的对象位置按住鼠标左键拖曳鼠标，即可修复图像中的缺陷位置，并使修复后的图像与取样点位置图像的纹理、光照、阴影和透明度相匹配，从而使修复后的图像不留痕迹地融入图像中。该工具对于较大面积的图像缺陷修复非常有效。

激活该工具，其属性栏如图 5-11 所示。

图 5-11

- "切换'仿制源'面板"按钮：单击该按钮，可以打开 / 关闭"仿制源"面板，如图 5-12 所示。"仿制源"面板中可以同时设置 5 个不同的样本源，还可以显示样本源的叠加，以帮助用户在特定位置仿制源。可以缩放或旋转样本源以特定的大小和方向进行复制，使其更好地与图像文件相匹配。

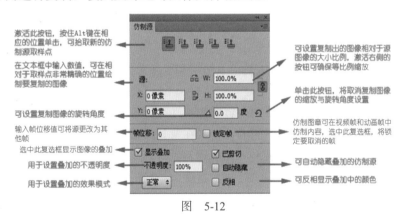

图 5-12

- "取样"单选按钮：选中该单选按钮，然后按住 Alt 键在适当位置单击，可以将该位置的图像定义为取样点，以便用定义的样本来修复图像。
- "图案"单选按钮：选中该单选按钮，可以在其右侧打开的图案列表中选择一种图案与图像混合，得到图案混合的修复效果。
- "对齐"复选框：选中该复选框，可进行规则图像的复制，多次单击或拖曳鼠标，最终能够复制出一个完整的图像，若想再复制一个相同的图像，则必须重新取样；若不选中该复选框，则进行不规则图像的复制，即多次单击或拖曳鼠标，每次都会在相应位置复制一个新图像。

3. 修补工具

利用该工具可以用图像中相似的区域或图案来修复有缺陷的部位或制作合成效果，其与修复画笔工具一样，将设定的样本纹理、光照和阴影与被修复图像区域进行混合以得到理想的效果。

激活该工具，其属性栏如图 5-13 所示。

图　5-13

- "源"单选按钮：选中该单选按钮，将用图像中指定位置的图像来修复选区内的图像。即将鼠标指针放置在选区内，将其拖曳到用来修复图像的指定区域，释放鼠标左键后会自动用指定区域的图像来修复选区内的图像。
- "目标"单选按钮：选中该单选按钮，将用选区内的图像修复图像中的其他区域。即将鼠标指针放置在选区内，将其拖曳到用来修补的位置，释放鼠标左键后会自动用选区内的图像来修复鼠标释放处的图像。
- "透明"复选框：选中该复选框，在复制图像时，复制的图像将产生透明效果；取消选中该复选框，复制的图像将覆盖原来的图像。
- ▉使用图案▉按钮：在图案选项窗口中选择一个图案后，单击该按钮，可以使用选择的图案修补选区内的图像。如果需要修复的对象为规则图形，可以首先运用"选区工具"绘制规则选区，然后再激活"修补工具"，选择合适的图案后，单击"使用图案"按钮即可完成修复。

4. 内容感知移动工具

使用内容感知移动工具可以选择和移动图片的一部分。图像重新组合，留下的空白使用图片中的匹配元素填充。不需要进行涉及图层和复杂选择的周密编辑，其属性栏如图 5-14所示。

- 模式：可以在两个模式中使用内容感知移动工具。
  - ⤷ 移动模式：将对象置于不同的位置（在背景相似时最有效）。
  - ⤷ 扩展模式：扩展或收缩头发、树或建筑物等对象。若要完美地扩展建筑对象，请使用在平行、平面（而不是以一定角度）拍摄的照片。
- 适应：针对结果反映的图案与现有图像图案的接近程度选择值。

5. 红眼工具

当在夜晚或光线较暗的房间里拍摄人物照片时，由于视网膜的反光作用，往往会出现红眼效果。利用该工具可以迅速地修复这种红眼效果。使用时，在工具属性栏中设置合适的瞳孔大小、变暗量选项后，在人物的红眼位置单击一下即可校正红眼。

激活该工具，其属性栏如图 5-15 所示。

图　5-14　　　　　　　　　　　　　　　　　图　5-15

- 瞳孔大小：用于设置增大或减小受红眼工具影响的区域。
- 变暗量：用于设置校正的暗度。

5.2.2　图案图章工具组

图章工具组中包括仿制图章工具🖈和图案图章工具🖈。

1. 仿制图章工具

仿制图章工具 是用来在图像中复制信息，然后应用到其他区域或其他图像上，该工具还经常被用来修复图像中的缺陷。

激活"仿制图章工具"，其属性栏如图 5-16 所示。

图 5-16

- "切换'画笔'面板"按钮 ：单击该按钮，可以打开 / 关闭"画笔"面板。
- "切换'仿制源'面板"按钮 ：单击该按钮，可以打开 / 关闭"仿制源"面板。
- 不透明度：用于设置复制图像时的不透明度。
- "压力控制"按钮 ：激活此按钮，在使用绘图板绘制图形时，可以通过绘画板来控制压力。
- 流量：决定仿制图章工具在绘画时的压力大小，数值越小画出的颜色越浅。
- "喷枪"按钮 ：激活此按钮，使用仿制图章工具仿制图像时，复制的图像会因鼠标指针的停留而向外扩展。画笔笔头的硬度越小，效果越明显。

使用该工具时，按住 Alt 键在要复制的图像上单击进行取样，然后移动鼠标指针至合适的位置拖动，即可复制出取样的图像。若要在两个文件之间复制图像，则两个图像文件的色彩模式必须一致，否则将不可进行复制操作。

冰上舞蹈——仿制图章工具

01 打开素材，如图 5-17 所示，激活"仿制图章工具"，按住 Alt 键，将鼠标指针移动至要复制的对象上并确定取样点。

02 新建"图层 1"，移动鼠标指针至合适位置，按住鼠标左键复制出如图 5-18 所示的效果，注意"仿制源"参数的设置。

图 5-17   图 5-18

03 以背景层为当前层，按住 Alt 键确定取样点，然后新建"图层 2"，改变"仿制源"参数设置，复制出如图 5-19 所示效果。

04 用同样的方法再复制一个并将其缩小，调整位置，效果如图 5-20 所示。

图 5-19   图 5-20

2. 图案图章工具

使用图案图章工具可以利用 Photoshop 提供的图案进行绘画，也可以利用自定义的图案进行绘画。激活"图案图章工具"，其属性栏如图 5-21 所示。

图 5-21

- "模式"、"不透明度"、"流量"、"喷枪"等选项与仿制图章工具的相同。
- 选中"印象派效果"复选框，可以使图案图章工具模拟出印象派效果的图案。

使用该工具时，只需在属性栏中选取一个图案，再在画面中单击或拖动鼠标即可绘制选择的图案。

在很多情况下，软件自带的图案并不能满足设计需要，因此需要自己设计图案来满足客户的要求。

丰收景象——图案图章工具

01 打开素材图像，如图 5-22 和图 5-23 所示，以图 5-23 中图像为当前文件并按 Ctrl+A 键将其全选。

图 5-22   图 5-23

02 选择"编辑"→"定义图案"命令，弹出如图 5-24 所示的对话框，单击"确定"按钮即可。

03 以图 5-22 为当前文件，激活"图案图章工具"，在其属性栏中找到刚才定义的图案，如图 5-25 所示。

图 5-24　　　　　　　　　　　　　　　图 5-25

04 在其属性栏中，如果取消选中"对齐"复选框，移动鼠标指针至文档窗口中拖动，即可绘制出如图 5-26 所示的图案效果。如果选中"对齐"复选框，可绘制出如图 5-27 所示的排列规则的图案效果。

图 5-26　　　　　　　　　　　　　　　图 5-27

5.2.3　橡皮擦工具组

Photoshop CS6 中包含 3 种类型的橡皮擦：橡皮擦工具、背景橡皮擦工具和魔术橡皮擦工具。使用这些工具擦除对象时，除了橡皮擦工具显示被擦除部分为背景颜色外，其余的两种则显示为透明。

1．橡皮擦工具

橡皮擦工具是最基本的擦除工具。激活该工具，其属性栏如图 5-28 所示。

图 5-28

- 模式：用来选择橡皮擦擦除图像的方式，选择"画笔"时，会擦出柔角效果的边缘；选择"铅笔"时，只能擦出硬边的效果；选择"块"时，将擦出块状的擦痕。
- 不透明度：用来设置擦除图像的不透明程度，为 100% 时可以将像素完全擦除。当将"模式"设置为"块"时，该选项不可用。
- 流量：此选项用来控制橡皮擦的擦除强度，数值越大，对图像的擦除效果越明显。
- "抹到历史记录"复选框：与历史记录画笔的功能相近，选中该复选框后，可以在"历史记录"面板中选择一个操作步骤或一个快照，在擦除时可以将图像恢复到指定的状态。

利用橡皮擦工具擦除图像时，在背景层或锁定透明的普通层中擦除时，被擦除的部分将更改为工具箱中显示的背景色；在普通层擦除时，被擦除的部分将显示为透明色，效果如图 5-29 所示。

图　5-29

2. 背景橡皮擦工具

背景橡皮擦工具是用来擦除背景的一种智能工具，具有自动识别对象边缘的功能，无论是背景层还是普通层，都可以将图像中的特定颜色擦除为透明色。

3. 魔术橡皮擦工具

魔术橡皮擦工具的用法与魔棒工具相同，可以一次性擦除图像中与单击处颜色相同或相近的颜色，并可通过"容差"值来控制擦除颜色的范围。

5.2.4　修饰工具组

修饰工具组中的工具包括模糊工具、锐化工具、涂抹工具、减淡工具、加深工具和海绵工具。使用时主要在其属性栏中设置笔触大小、形状、混合模式和强度等属性，然后在图像需要修饰的位置单击或拖曳鼠标即可完成相应效果的处理。

1. 模糊工具

模糊工具可以将图像中的硬边缘进行柔化处理，降低图像色彩反差，以减少图像的细节，其使用方法非常简单，激活该工具，在画面中拖动鼠标即可将画面模糊。

2. 锐化工具

锐化工具可以增强图像中相邻像素间的对比，增大图像色彩反差，从而提高图像的清晰度，其使用方法和模糊工具相同。

锐化工具的工具选项栏和模糊工具的工具选项栏相同。值得注意的是，在使用锐化工具时不能在某个区域反复涂抹，否则画面会失真。

模糊工具和锐化工具主要用于小面积的图像处理，在进行大面积的模糊和锐化处理时，需要利用"滤镜"菜单中的"模糊"命令。

3. 涂抹工具

涂抹工具模拟将手指拖过湿油漆时所产生的效果。该工具可拾取涂抹开始位置的颜色，并沿拖动的方向展开这种颜色。在画面中按住鼠标左键并拖动即可进行涂抹。其属性栏中选中"手指绘画"复选框可使用每个涂抹起点处的颜色进行涂抹。如果取消选中该复选框，涂抹工具会使用每次涂抹的起点处指针所指的颜色进行涂抹。

4. 减淡工具

利用减淡工具可以使图像变亮，其使用方法也很简单，在画面中按住鼠标左键拖动即可。其属性栏中各项参数介绍如下。

- 范围：用于选择要修改的色调，默认选择·"中间调"。当选择"阴影"时，可处理图像的暗色调；选择"高光"时，可处理图像的亮色调。因此在处理对象时一定要根据色调的具体情况选择不同的色调选项。
- 曝光度：用于设置曝光程度，该值越高效果越明显。
- "保护色调"复选框：选中该复选框，可以保护图像的色调不受影响。

5. 加深工具

加深工具的效果与减淡工具的效果正好相反，加深工具可以使图像变暗，其使用方法和工具属性栏与减淡工具的相同。

6. 海绵工具

利用海绵工具可以修改图像的色彩饱和度，在灰度模式下可以使灰阶远离或靠近中间灰色来增加或降低对比度，它的使用方法与减淡、加深工具的使用方法一样。

5.2.5 历史记录画笔工具

历史记录画笔工具组包括历史记录画笔工具和历史记录艺术画笔工具，二者在使用中会产生截然不同的效果。

使用历史记录画笔工具，可以使修改后的图像恢复到文件最后一次保留时的效果。其属性栏与画笔工具相同，使用时首先设置好画笔的大小、形状，然后按住鼠标左键在需要修正的位置拖移即可。切记在使用该工具前，不要对图像文件进行大小调整。

使用历史记录艺术画笔工具，可以设置不同的绘画样式、大小和容差选项，用不同的色彩和艺术风格模拟绘画的纹理对图像进行处理。使用时只需在其属性栏中选择相应选项即可，如图 5-30 所示。

图 5-30

- 样式：表示历史记录艺术画笔可以设置的艺术效果形式。
- 区域：指历史记录艺术画笔工具所产生艺术效果的感应区域，数值越大，产生艺术效果的区域越大，反之越小。
- 容差：限定原图像色彩的保留程度，数值越大与源图像越接近。

光滑细腻的皮肤——历史记录画笔

01 打开素材图像，如图 5-31 所示，仔细观察可以发现图像人物的眼角附近有许多小痘痘。

02 选择"滤镜"→"杂色"→"蒙尘与划痕"命令，在弹出的对话框中设置参数（这里的半径不能设置太大，否则会导致脸部的细节完全消失），单击"确定"按钮，如图 5-32 所示，效果如图 5-33 所示。

图 5-31

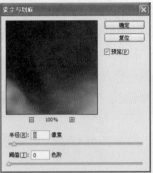
图 5-32

图 5-33

03 激活"历史记录画笔工具"，将画笔设置为小笔头的软画笔（透明度适当降低），仔细将人物的眼睛、眉毛、鬓角及额头的头发等还原，效果如图 5-34 所示。

04 更换较大的软画笔，"不透明度"设置为 100%，将脸部以外的区域全部还原，效果如图 5-35 所示。此时人物脸部的小痘痘已经被修复，但画面整体变灰，需要调整亮度，从而突出人物面部效果。

05 将"背景"层复制为"背景副本"层，改变图层模式为"滤色"，效果如图 5-36 所示。

图 5-34

图 5-35

图 5-36

06 选择"图像"→"调整"→"曲线"命令，在弹出的对话框中设置参数，单击"确定"按钮，如图 5-37 所示，效果如图 5-38 所示。

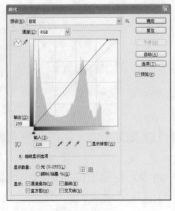
图 5-37

图 5-38

5.3 广告设计案例解析

5.3.1 公益广告一

"公益广告一"的设计效果如图 5-39 所示。设计步骤如下。

01 创建新文件，根据设计需要设置如图 5-40 所示的参数。

图　5-39　　　　　　　　　　　图　5-40

02 激活"油漆桶工具"，将背景层填充为黑色，如图 5-41 所示。

03 打开"手资料"文件。激活工具箱中的"魔棒工具"，选取白色背景，选择"选择"→"反向"命令，将选区反选，效果如图 5-42 所示。

04 激活"移动工具"将选取的手图像拖动到新建文件中，调整大小及位置，效果如图 5-43 所示。

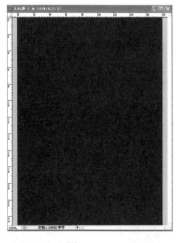
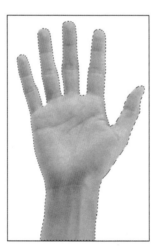
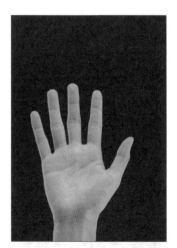

图　5-41　　　　　　图　5-42　　　　　　图　5-43

05 打开"干裂的土地"文件，如图 5-44 所示。选择"图像"→"调整"→"去色"命令，效果如图 5-45 所示。

06 选择"图像"→"调整"→"亮度 / 对比度"命令，在其对话框中设置如图 5-46 所示参数。单击"确定"按钮，效果如图 5-47 所示。

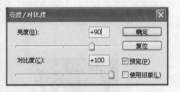

图　5-44　　　　　　　图　5-45　　　　　　　图　5-46

07 将图 5-47 中图像复制到新建文件中，按 Ctrl+T 键，调整比例，横向挤压图片，效果如图 5-48 所示。

08 打开"图层"面板，设置图层"混合模式"为"颜色加深"，此时"图层"面板如图 5-49 所示。

图　5-47　　　　　　　图　5-48　　　　　　　图　5-49

09 此时调整混合模式后图片的效果如图 5-50 所示。

10 如图 5-51 所示，以"图层 1"为当前选择层。选择"选择"→"载入选区"命令，将手的选区载入，效果如图 5-52 所示。

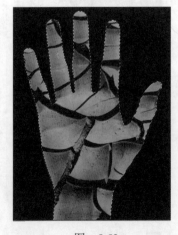

图　5-50　　　　　　　图　5-51　　　　　　　图　5-52

11 保持选区的存在。新建"图层 3"，并置于图层的最顶端，如图 5-53 所示。

12 前景色设置为 C:100、M:0、Y:0、K:0，选择"编辑"→"填充"命令，效果如图 5-54 所示。

13 选择"编辑"→"变换"→"旋转 180 度"命令，并将蓝色的手拖动放置在相应位置，效果如图 5-55 所示。

14 如图 5-56 所示，在"图层"面板中单击"添加图层蒙版"按钮，激活工具箱中的"渐变工具"，自上而下填充由白色到黑色的蒙版，效果如图 5-57 所示。

15 输入文字，公益广告制作完成，效果如图 5-39 所示。

图 5-53　　　　图 5-54

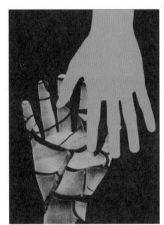

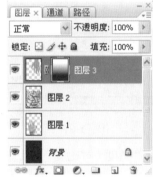

图 5-55　　　　图 5-56　　　　图 5-57

5.3.2　公益广告二

"公益广告二"的设计效果如图 5-58 所示。设计步骤如下。

01 打开如图 5-59 所示的"橙色花朵"文件。

02 激活工具箱中的"裁剪工具"，裁剪效果如图 5-60 所示。

03 激活工具箱中的"快速选择工具"（可配合"魔棒工具"和"多边形套索工具"），选取花朵部分，如图 5-61 所示。

04 按 Ctrl+C、Ctrl+V 键，生成"图层 1"，如图 5-62 所示。

图 5-58

| 图　5-59 | 图　5-60 | 图　5-61 |

05 选择"图像"→"调整"→"色相/饱和度"命令，在弹出的对话框中设置如图 5-63 所示参数，单击"确定"按钮即可。

06 选择"图像"→"调整"→"亮度/对比度"命令，在弹出的对话框中设置如图 5-64 所示参数，单击"确定"按钮即可。

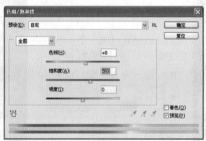
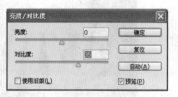

| 图　5-62 | 图　5-63 | 图　5-64 |

07 调整"色相/饱和度"及"亮度/对比度"对话框中的参数后，画面效果如图 5-65 所示。

08 在如图 5-66 所示的"图层"面板中，单击面板下方的"添加图层样式"按钮，选择"外发光"命令，在弹出的对话框中设置如图 5-67 所示参数，单击"确定"按钮，效果如图 5-68 所示。

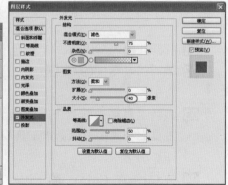

| 图　5-65 | 图　5-66 | 图　5-67 |

09 在"图层"面板中以"背景"层为当前选择层，如图 5-69 所示。设置前景色为黑色，背景色设置为如图 5-70 所示的蓝色。

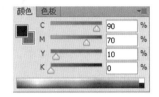

图　5-68　　　　　　　图　5-69　　　　　　　图　5-70

10 选择"滤镜"→"滤镜库"→"素描"→"半调图案"命令，在弹出的对话框中设置如图 5-71 所示参数，单击"确定"按钮，效果如图 5-72 所示。

11 设置背景色为黑色，选择"图像"→"画布大小"命令，在弹出的对话框中设置如图 5-73 所示参数，单击"确定"按钮，效果如图 5-74 所示。

12 激活工具箱中的"横排文字工具"，如图 5-75 所示，在画面中输入文字"生如夏花"，选择笔画简练、粗壮的字体，并调整大小。

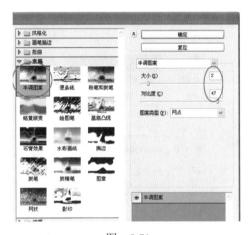

图　5-71

图　5-72　　　　　　　图　5-73　　　　　　　图　5-74

13 选择"窗口"→"样式"命令，打开"样式"面板，如图 5-76 所示，选择"星云"样式，效果如图 5-77 所示。

14 输入其他文字，选择较细字体并调整大小，颜色设置为黄色，效果如图 5-78 所示。

图　5-75

图 5-76　　　　　　　　　　图 5-77　　　　　　　　　　图 5-78

15 在"图层"面板中，单击面板下方的"创建新组"按钮，并将组命名为"人物"，如图 5-79 所示。

16 打开素材图片"人物 1"，如图 5-80 所示。

17 激活工具箱中的"移动工具"，将图片拖入文件中，调整大小与位置，效果如图 5-81 所示。

图 5-79　　　　　　　　　　图 5-80　　　　　　　　　　图 5-81

18 激活工具箱中的"多边形套索工具"，选取人物背景部分并删除，效果如图 5-82 所示。

19 激活工具箱中的"橡皮擦工具"，在其相应属性栏中选择羽化笔头，"不透明度"设置在 20% 左右，如图 5-83 所示，将衣服部分擦除羽化边缘。

图 5-82　　　　　　　　　　　　图 5-83

20 选择"图像"→"调整"→"色相/饱和度"命令，在弹出的对话框中降低"饱和度"为 -50，单击"确定"按钮，如图 5-84 所示。

21 在"图层"面板中,设置图层"混合模式"为"强光",如图 5-85 所示。此时人物效果如图 5-86 所示。

图 5-84　　　　　　　　　　图 5-85　　　　　　　　　　图 5-86

22 依次打开其他素材图片"人物 2"、"人物 3"、"人物 4"、"人物 5"和"人物 6",如图 5-87 ～图 5-91 所示,然后用同样的方法调整素材,效果如图 5-92 ～图 5-96 所示。仔细调整,最终效果如图 5-58 所示。

图 5-87　　　　　　　　　　图 5-88　　　　　　　　　　图 5-89

图 5-90　　　　　　　　　　图 5-91　　　　　　　　　　图 5-92

图 5-93   图 5-94

图 5-95   图 5-96

思考与练习

（1）正确理解广告设计的艺术构思对于广告设计的重要性。

（2）正确使用修复工具、修饰工具及图案图章工具。

（3）临摹如图 5-97 和图 5-98 所示作品。

图 5-97   图 5-98

Chapter

包 装 设 计

6.1 包装设计概述

　　包装是人类智慧的结晶，广泛用于生活、生产中，早在公元前 3000 年，埃及人开始用手工方法熔铸、吹制原始的玻璃瓶，用于盛装物品，同时他们还用纸莎草的芯髓制成了一种原始的纸张用以包装物品，公元前 105 年，蔡伦发明了造纸术，在中国出现了用手工造的纸做成标贴……在人类历史发展的长河中，包装设计推动人类文明不断向前发展。时至今日，包装不仅仅停留在保护商品的层面上，它已给人类带来了艺术与科技完美结合的视觉愉悦以及超值的心理享受，如图 6-1 所示。因此说包装设计是一门综合性很强的创造性活动，涉及自然的、社会的、科技的、人文的、生理的和心理的等诸多因素，想要快速、准确地达到设计目标，降低成本，增加产品的附加值，就必须有严格、周密的设计程序和方法，综合运用各种方法、手段，将商品的信息传达给消费者。

图　6-1

6.1.1　商品包装的主要要素

　　功能、材料和形式是构成包装的三要素，三者之间既是独立的又是相互联系的。功能是包装设计的前提，材料是包装设计的基础，形式是包装设计的灵魂。

　　1. 功能

● 保护功能：采用适当的技术措施与方法，保护产品不受到损害。这种功能可以说是包装设计所特有的，是其最基本的特性。

● 方便功能：合理分装，储存运输方便，使用安全，利于回收，这是现代包装的基本功能。

　　2. 材料

　　材料是为功能服务的，没有材料就如人要做衣服没有布。包装由各种材料做成，没有了材料，包装设计就没有意义。

　　3. 形式

　　形式是促进销售的重要手段。具体体现在利用各种设计方式美化商品、宣传商品，以赢得顾客的青睐。可以说，形式表现是包装装潢设计的灵魂。包装设计是艺术与实用的结合，形式又为设计带来无限的市场拓展力。通过形式的视觉传达可强有力地吸引顾客，传达商品信息，树立良好的品牌形象和企业形象。

　　包装的最终目的是传达商品信息，方便销售，扩大再生产，从而实现商品价值与利润。包装设计永远是功能第一，顾客第一。作为新时代的包装设计师，要赋予包装新的设计理念，在充分了解社会、企业、商品以及消费者的基础上，作出准确的设计定位。在构思设计过程中不能依赖主观审美，而应该深入剖析商品个性，做好市场调查以及了解包装的机能等。

6.1.2　常见商品包装的形式

　　常见商品包装的分类方法如下：

　　（1）以形态分类，可分为单体包装、内包装和外包装 3 种。

　　（2）按使用材料分类，可以分为纸包装、纸箱包装、木制包装、金属包装以及其他天然材料包装。使用各种材料做包装各有优劣，必须按需要和环境来加以分析。

- 纸包装（如图 6-2 所示）印刷便利，成本低廉，但易破损，不防潮，现代多用纸塑复合包装。
- 木质包装（如图 6-3 所示）成本较低，适合简易印刷，防潮，不易破损，多用于工业性包装设计。

图　6-2　　　　　　　　　　图　6-3

- 纸箱包装印刷便利，成本低，形式多样，立体造型，并富于变化，是现代广泛使用的一种包装。
- 塑料包装印刷便利，成本低，破损率低，防潮湿，造型多样，适用于大规模机械化生产，缺点是易造成环境污染。
- 金属类包装（如图 6-4 所示）印刷便利，外形美观多样，密封防潮，不易破损，但成本较高，一般适用于高档商品。
- 玻璃类包装（如图 6-5 所示）精美高雅，密封防潮，易破损，成本高。
- 布质类包装印刷便利，成本较低，形式多样，富于变化，不防潮，易破损。

　　（3）从设计角度来划分，可分为工业性包装和商品性包装。

- 工业性包装：设计的重点是为了保护商品，便于储运，一般多用一些成本低廉，易于印刷，不易破损的材料。
- 商品性包装：在保护商品，便于储运的同时，更重要的是促销功能。为了实现促销功能，包装设计应着重传达商品的视觉效果。

图 6-4

图 6-5

6.2 产品包装设计的基本构成要素

从简单的几个文字到图文并茂的装潢外表，包装的目的都是为了给顾客留下直观、深刻的印象。因此，除了研究包装结构外，对图形、构图、文字和色彩等研究是十分重要的，它是完成包装的基本要求和设计定位的手段。

6.2.1 图形

图形可以反映商品的面貌。图形对新产品定位起决定性作用，可直观体现产品属性，达到形象传递要求。除受想象力、成本的限制外，图形因素多种多样，千变万化。从广义讲，图像包含色彩、形态、商标品牌和文字等因素，其中每个因素都会影响消费者对质量及接受程度等作出判断。图形的表现形式多样，主要有装饰图案、文字、摄影、绘画和卡通形象等，视产品、消费对象、地区而定。由于图形反映产品形象和品种地位（档次），因此一定要清晰、美观，避免信息模糊影响销售。

1. 装饰图案

装饰图案是传统的表现形式，在包装装潢上运用较普遍，其特点是运用点、线、面的规律进行抽象、具象、单元或群体的构成，如图 6-6 所示。

2. 文字

文字在包装设计中是至关重要的表现形式之一。任何商品都离不开文字形式的宣传与美化。书法艺术具有十分独特的艺术气质，造型别致，彰显民族特色，是商品包装装潢最易借鉴发扬的文字表现形式，如图 6-7 所示。

3. 摄影

将摄影作品应用于商品装潢上最早见于 20 世纪 40 年代美国的 Brid's Eye。这种商品信息传播手段是包装内容写实的、最为客观的表现形式，是手法表现上的一次大突破。目前儿童玩具包装大部分采用摄影形式，这与儿童的纯真情感相吻合。其他商品采用摄影形式，若分寸掌握适当，同样会显得高贵、雅致，也能更真实地反映产品的质量，如图 6-8 所示。

图 6-6

图 6-7

4. 绘画

油画、水彩、水粉和喷绘等均属该范畴，这是一种传统的表现形式。包装发展到今天，各种新的表现形式层出不穷，而绘画这一传统形式始终占据一席之地。究其根源，是因为绘画更能彰显怀旧之情，象征历史之悠久，文化之古老，如图 6-9 所示。

图 6-8

图 6-9

5. 卡通

卡通形象的运用为商品包装带来趣味性的效果，如给本来没有多少吸引力的商品配上幽默活泼的卡通形象会引起消费者的好奇，无形中起到广告的推销作用。这种形式的出现更是迎合儿童喜好新奇、富有幻想的心理特点，如"变形金刚"、"米老鼠与唐老鸭"等可爱的形象常常会吸引孩子们。卡通形式在当今的商品装潢中已十分普遍，几乎在所有类别的包装中，都能见到卡通形式的表现，如图 6-10 和图 6-11 所示。

图 6-10

图 6-11

6.2.2　文字

文字是直接传递商品流通信息，表达产品内容的视觉语言，具有两重性，一是介绍商品，二是装饰画面。任何商品包装可以没有装饰、没有图案色彩，但却不能没有文字。包装中的文字既简单又复杂，在设计时既要注意字体本身的形态设计，也要注重文字内容的构思设计以及文字编排。

1. 文字的种类

文字的种类有很多，但首推中国的书法艺术，它是中华民族艺术的精华所在，也是包装设计中常常采用的重要表现手段之一。中国书法大致可分为古文、大篆、小篆、隶书、草书、行书和正楷等。黑体字是包装装潢中十分常见的字体表现形式，字表庄重、结实、厚重。外文拉丁字母的种类很复杂，归纳起来主要包括罗马体、哥德体、意大利斜体和草体等。罗马体有古罗马体和现代罗马体之分，前者字体优雅秀丽，横竖粗细变化不大，后者笔画横细竖粗，字母结构比较有规律，全都带有装饰线。哥德体有两种：一是 14 世纪哥德体，富于装饰，适合表现古典、权威性的商品；二是起源于法国和意大利的新哥德体，其造型明朗而具现代感，字形与方形相似，没有装饰线（也称无饰线体），应用范围极广，如图 6-12 和图 6-13 所示。

图　6-12　　　　　　　　　　　　　　　　图　6-13

2. 字体的组合

文字在重新设计后组合成整体，这种文字组合称为"文字形态"。字体的形态视商品属性而定，与构图、图形和色彩融为一体，以醒目易识为条件，可通过多种设计手法增加其柔软感、活泼感、严肃感及现代感。小字的运用和主体字要有联系，字体排列讲究统一，说明文字要小而清晰，如图 6-14 和图 6-15 所示。

图　　6-14　　　　　　　　　　　　　　　图　6-15

6.2.3 构图

包装设计构图应突出主题，层次分明，简明而有视觉冲击力，充分体现商品的属性。它不受透视、自然景象和场景的限制，还可根据材料、工艺本身的特点，采用综合性的手法来组合构成画面。中国传统艺术中，构图充分运用了形式美法则，这也是学习包装设计的重要途径之一。

1. 多样性统一

多样性统一是一切艺术表现中最基本的原则。所谓多样性的统一，就是从统一中求变化，变化要服从统一。多样性的统一要求妥善安排主次，前后左右、上下深浅要有变化，不要平均分布画面；要衬托主题，突出主题。

2. 对称与平衡

所谓对称，就是指等量等形。其构图特点是装饰性较强，在商品装潢中运用较广。不过，这种手法不宜刻意过度地追求，否则极易产生呆板、平均之感。

这里所说的平衡，是指在平面上的量及质在视觉上所得到的平衡。构图时要注意整体画面中的呼应关系，而这种平衡的构图由于有相互对照和变化，也就产生了活泼而又稳定的感觉，结合不同性质的产品灵活运用，即可获得不同的效果。

6.2.4 色彩

色彩在包装设计中占有特别重要的地位。在竞争激烈的商品市场中，要使商品具有明显区别于其他产品的视觉特征，更富有诱惑消费者的魅力，刺激和引导消费，以及增强人们对品牌的记忆，这都离不开色彩的设计与运用。

日本色彩学专家大智浩曾对包装的色彩设计做过深入的研究，他在《色彩设计基础》一书中，曾对包装的色彩设计提出如下8点要求：

- 包装色彩能否在竞争商品中有清楚的识别性。
- 是否很好地象征着商品内容。
- 色彩是否与其他设计因素和谐统一，有效地表示商品的品质与分量。
- 是否为商品购买阶层所接受。
- 是否是较高的明视度，并能对文字有很好的衬托作用。
- 单个包装的效果与多个包装的叠放效果如何。
- 色彩在不同市场、不同陈列环境是否都充满活力。
- 商品的色彩是否不受色彩管理与印刷的限制，效果如一。

一些商品特别要求独特的个性，色彩设计需要具有特殊的气氛感和高价、名贵感。如图6-16所示，对于法国高档香水或化妆品要打造神秘的魅力，不可思议的气氛，以显示出巴黎的浪漫情调。这类产品无论包装体型或色彩都应设计得优雅大方。男人嗜好的威士忌，包装设计要有18世纪法国贵族生活的特殊气氛，香烟包装设计要求有一种贵族气质。骆驼牌（CAMEL）香烟盒的底色是淡黄色，暗喻广阔的沙漠。背景图案上的金字塔和棕榈树代表古老的东方，给人一种神秘和原始的感觉。

图　6-16

6.3 路径与选择区域

6.3.1　钢笔路径工具组简介

1. 路径的概念

路径是由贝塞尔曲线（Bezier Curve）组成的一种非打印的图形元素，在 Photoshop 中起着位图与矢量元素之间相互转换的桥梁作用。利用路径可以选取或绘制复杂的图形，并且可以非常灵活地进行修改和编辑。

2. 路径的组成

路径由一个或多个直线段或曲线段组成。每一段路径都有锚点标记；锚点标记位于路径段的端点。通过编辑路径的锚点，可以很方便地改变路径的形状。在曲线段上，每个选中的锚点显示一条或两条方向线，方向线以方向点结束。方向线和方向点的位置决定曲线段的大小和形状。移动这些图素将改变路径中曲线的形状，如图 6-17 所示。

平滑曲线由称为"平滑点"的锚点连接。锐化曲线路径由角点连接，如图 6-18 所示。

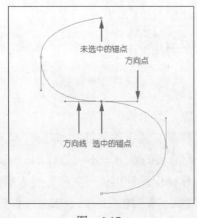

图　6-17

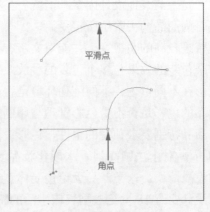

图　6-18

- 锚点：（亦称节点）包括角点和平滑点。当在平滑点上移动方向线时，将同时调整平滑点两侧的曲线段。相比之下，当在角点上移动方向线时，只调整与方向线同侧的曲线段。用"钢笔工具"单击就能产生锚点，即两个直线段的角。

- 直线段：连接两个角点，或者与角点无控制柄一端相连的线段。
- 曲线段：连接平滑点或角点有控制柄一端的线段。
- 闭合路径：起点与终点为一个锚点的路径。
- 开放路径：起点与终点是两个不同锚点的路径。

3. 钢笔路径工具组

钢笔路径工具组可用来创建路径、调整路径形状，包括 5 种工具，分别为钢笔工具、自由钢笔工具、添加锚点工具、删除锚点工具和转换点工具。

在开始绘图之前，必须从属性栏中选取绘图模式，如图 6-19 所示。选取的绘图模式将决定是在自身图层上创建矢量形状或直接填充像素，还是在现有图层上创建工作路径，在如图 6-20 所示的"路径"面板中，同一个对象，采用的模式不同，效果也不同。

图 6-19

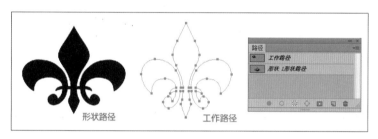

图 6-20

当绘图模式为"路径"时，其属性栏中的"选区"、"蒙版"和"形状"3 个选项会对绘制的路径发生作用，单击其中的按钮则转化为相应的对象。

当绘图模式为"形状"时，在其属性栏中可以分别对形状路径进行填充、描边及改变线形等设置，如图 6-21 所示。

图 6-21

当绘制多边形对象时，"像素"选项才可发生作用，如图 6-22 所示。

图 6-22

（1）钢笔工具

钢笔工具主要用于绘制路径。利用钢笔工具在文件中依次单击，可以创建直线路径；按住鼠标左键在画面上任意勾画，可以创建自然流畅的曲线路径。因此使用钢笔工具既可形成直线路径，也可形成曲线路径。

在绘制直线路径时，按住 Shift 键可将钢笔工具绘制的曲线角度限制在 45°范围内。

按住 Ctrl 键可将钢笔工具切换为方向选取工具，便于随机调整路径方向。在未闭合路径之前按住 Ctrl 键在路径外单击，可以完成开放路径的绘制。

（2）自由钢笔工具

自由钢笔工具集合钢笔工具与磁性钢笔工具两种工具的优点，当在属性栏中取消选中"磁性的"复选框时，将是自由钢笔工具，反之为磁性钢笔工具。按住鼠标左键在图上拖动，此工具可沿着鼠标指针运动的轨迹自由绘出任意形状的路径，当回到起点时，指针右下方会出现一个小圆圈，此时松开鼠标可得到封闭路径。

（3）添加锚点工具

利用添加锚点工具可在路径上增加锚点，从而精确描述其形状、改变路径的弧度与方向。

激活"添加锚点工具"，将指针移动到要添加锚点的路径上，当鼠标指针显示为添加锚点符号时单击，即可添加锚点，此时并没有更改路径形状。如果在单击的同时按住鼠标左键拖移，则可改变路径形状，如图 6-23 所示。

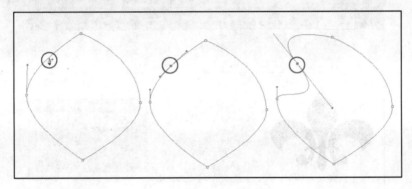

图　6-23

（4）删除锚点工具

激活"删除锚点工具"，将指针移动到要删除的某个锚点，当鼠标指针显示为删除锚点符号时单击即可删除锚点，此时已经改变路径形状。按住 Alt 键在一个锚点上单击，则整个路径会被选中，并且拖动鼠标时会复制路径，如图 6-24 所示。

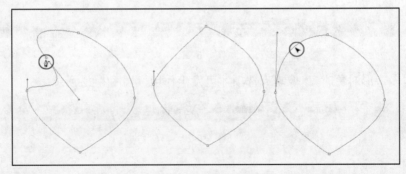

图　6-24

（5）转换点工具

转换点工具可改变一个锚点的性质。该工具有 3 种工作模式，取决于编辑的锚点特性，如图 6-25 所示。

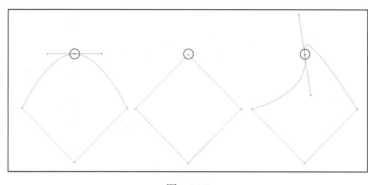

图 6-25

- 对于一个具有拐角属性的锚点，单击并拖动将使其改为具有圆滑属性的锚点。
- 若一锚点为具有圆滑属性的锚点，单击该点可使其属性变为拐角属性，同时将与之相关联的曲线路径变为直线。
- 单击并拖动方向点可将锚点的圆滑属性变为拐角属性。

当选中"自动添加 / 删除"复选框后，将鼠标指针放置在路径上的非锚点处，则变成添加锚点工具，如放置在锚点上则变成删除锚点工具。

按住 Alt 键，在锚点上单击会变为转换点工具，在非锚点上会变为添加锚点工具。

转换点工具因单击路径部位的不同会变成不同的工具。如按住 Alt 键后在一个路径上的非锚点处单击，则转换点工具变成添加锚点工具，并将该路径上的锚点全部选择。

如按住 Alt 键后在一个锚点上单击，则删除锚点的方向线。

如在按下 Alt 键之前将转换点工具放在一个方向点上，则转换点工具变成方向选取工具。

6.3.2 路径的创建与保存

在学习了路径工具组中各种工具的使用方法后，下面介绍路径的创建及保存。选择"窗口"→"路径"命令，打开如图 6-26 所示的"路径"面板。

图 6-26

该面板底部一排按钮的作用分别介绍如下。

- "填充路径"按钮 ●：用来对路径内区域利用前景色填充。
- "描边路径"按钮 ○：用来沿着路径的边缘利用前景色进行勾边描绘。
- "将路径作为选区载入"按钮 ：用来把路径转化为选区。
- "从选区生成工作路径"按钮 ：用来把选区转化为路径。
- "添加图层面板"按钮 ：用来为路径所在图层添加蒙版。
- "创建新路径"按钮 ：用来产生新的路径。
- "删除当前路径"按钮 ：用来删除当前路径。

1. 直线路径的创建

激活工具箱中的"钢笔工具"，创建一个起始点，然后移动鼠标指针至另一个位置，创建终点，产生直线段路径。

打开标尺，激活"移动工具"，将鼠标指针指向标尺，如图 6-27 所示，按住鼠标左键可从标尺中拖移出辅助线，根据需要绘制菱形路径。锚点的形状表示它的当前状态。再次激活"钢笔工具"，可保存这段路径或者关闭路径。

2. 曲线路径的创建

一段曲线路径由锚点、方向点和方向线来定义，当按下鼠标左键拖动时，曲线由起始锚点开始，并与起始锚点处的方向线相切，至结束锚点，再与结束锚点成一条曲线。事实上每个锚点上都连接着两条方向线，如图 6-28 所示。方向线表示路径一段弧线的弧度大小与下一段路径的方向。

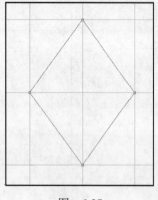

图 6-27

3. 路径选择工具组

路径选择工具组包括路径选择工具与直接选择工具两个工具。路径选择工具主要用于选择、移动路径；直接选择工具主要用于调整路径上各个方向点的位置或选择整个路径。

按住 Alt 键使用路径选择工具单击并拖动一个锚点可复制整个路径并移至其他位置。

按住 Shift 键，则将路径选择工具移动的方向点限制在水平、垂直和斜 45° 的范围。

4. 闭合路径的创建

有时为将开放路径区域填充颜色或将路径转化为选定区域，需创建闭合路径，具体步骤如下：

（1）利用钢笔工具创建一条开放路径。

（2）回到路径的起点，将鼠标指针移至第一个锚点处，其底部会出现一个小圆圈，此时单击则路径闭合，如图 6-29 所示。

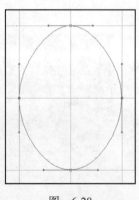

图 6-28

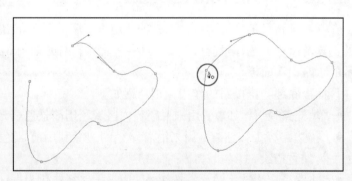

图 6-29

5. 路径转换为选区

路径与选区的关系是密切相关的，大多时候创建的路径最终都要转变为选区才能达到设计目的。

单击"路径"面板中的 ▾ 按钮，在弹出的菜单中选择"建立选区"命令，如图 6-30 所示，或单击属性栏中的"选区"按钮，弹出"建立选区"对话框，如图 6-31 所示。

在"建立选区"对话框的"操作"栏中提供了 4 种创建方式，选中"新建选区"单选按钮表明由路径创建一个新选区，此时表明画面中只有路径，而没有选区。选中"添加到选区"单选按钮表明把路径转换为选区并和画面上已存在的选定区域相加，画面中不仅有路径，而且还有其他选区。选中"从选区中减去"单选按钮表明把路径转换为选区，并从画面上已存在的选定区域中减去新创建的选定区域。选中"与选区交叉"单选按钮表明从路径与选定区域重合的区域创建一个选定区域。

单击"路径"面板中的"将路径作为选区载入"按钮，并同时按住 Alt 键，也会出现"建立选区"对话框。

6. 选区转换为路径

如果需要将选区转换为路径，可以单击"路径"面板中的■■按钮，在弹出的菜单中选择"建立工作路径"命令，打开"建立工作路径"对话框，如图 6-32 所示。

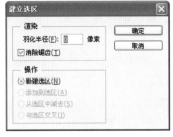

图 6-30　　　　　　　　　　图 6-31　　　　　　　　图 6-32

按住 Ctrl 键并单击"路径"面板底部的"从选区建立工作路径"按钮也可打开该对话框。在该对话框中，"容差"选项用于设定转换后路径上包括的锚点数，其变化范围为 0.5 ～ 10，其默认值为 2 像素。值越大，锚点越少，产生的路径就越不平滑；值越小则相反。

7. 填充与描边路径

路径和选区一样，都具有填充和描边功能。单击"路径"面板中的■■按钮，在弹出的菜单中选择"填充路径"、"描边路径"命令，这与"编辑"下拉菜单中的"填充"、"描绘"命令的用法一致。

8. 路径的变形

路径和选区一样，也可以进行必要的变形处理。当画面中出现路径时，选择"编辑"命令时，从其下拉菜单中用户可以发现原来的"自由变换"、"变换"命令已改为"自由变换路径"、"变换路径"命令。同样，如果用户选择路径上的锚点，则命令变为"自由变换点"、"变换点"命令，其操作方法与原来一致，如图 6-33 和图 6-34 所示。

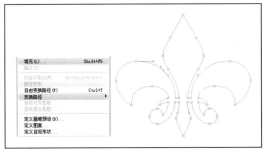

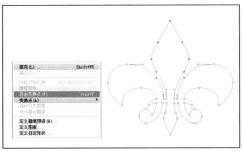

图 6-33　　　　　　　　　　　　　　图 6-34

6.3.3 路径与多边形

Photoshop CS6 中还有许多规则图形路径，如图 6-35 所示，这些规则图形路径的属性栏与普通路径基本相似，其用法一致。

1. 矩形工具

激活"矩形工具"，按住鼠标左键在画面中拖动即可绘制矩形。

2. 圆角矩形工具

首次在画面中单击后，弹出如图 6-36 所示对话框，设定参数后生成矩形，继续绘制时不再受"高度"、"宽度"参数的约束，但受"半径"参数的约束。

3. 椭圆工具

"椭圆工具"与"矩形工具"的使用方法一样。

4. 多边形工具

单击属性栏中的 ⚙ 按钮，弹出如图 6-37 所示面板，其中各选项介绍如下。

- 半径：用于设置多边形或星形的半径。该文本框中无数值时，拖移鼠标可以绘制任意大小的多边形或星形。
- "平滑拐角"复选框：选中此复选框，可以绘制具有平滑拐角形态的多边形或星形。
- "星形"复选框：选中此复选框，可以绘制边向中心位置缩放的星形图形。
- 缩进边依据：选中"星形"复选框后，此选项方可使用，主要用于控制边向中心缩进的程度大小。
- "平滑缩进"复选框：选中此复选框，可以使星形的边平滑地向中心缩进。

5. 直线工具

单击属性栏中的 ⚙ 按钮，弹出如图 6-38 所示面板，其中各选项介绍如下。

- "起点"、"终点"复选框：选中"起点"复选框，绘制的直线的起点带箭头，反之终点带箭头；两者同时选中则直线的两端都有箭头，反之为直线。
- 宽度、长度：用于设置箭头的宽度和长度与直线宽度的百分比，以此决定箭头的大小。
- 凹度：该文本框中的数据决定箭头中央凹陷的程度。数值大于 0 时，箭头尾部向内凹陷；数值小于 0 时，箭头尾部向外凸出，如图 6-39 所示。

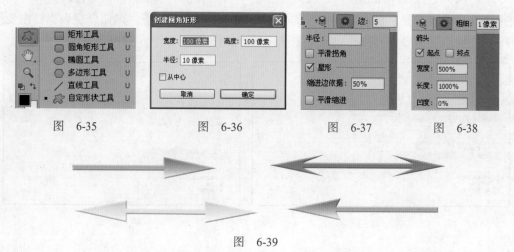

| 图 6-35 | 图 6-36 | 图 6-37 | 图 6-38 |

图 6-39

6.3.4 扑克花色设计——路径运用

01 新建文件，设置长、宽尺寸大小等参数，如图 6-40 所示。

02 选择"视图"→"标尺"命令，打开标尺，然后将鼠标指针指向左边和上边的标尺，分别拖出辅助线，如图 6-41 所示，将页面平均划分成大小相等的 4 个区域。

03 激活工具箱中的"自定形状工具"，在其相应的属性栏中，设置工具模式为"路径"，形状为"心形"，如图 6-42 所示。

04 按住 Shift 键，在画面左上角区域绘制一个心形路径，效果如图 6-43 所示。

图　6-40

图　6-41

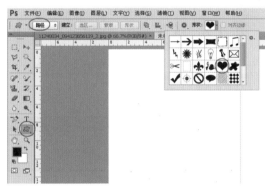

图　6-42

05 激活工具箱中的"直接选择工具"，单击心形路径最下方的锚点向下拖动，效果如图 6-44 所示。

图　6-43

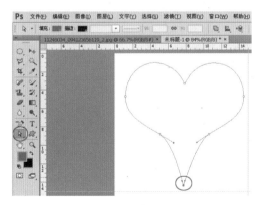

图　6-44

06 激活工具箱中的"删除锚点工具"，将心形路径左右两个多余锚点删除，效果如图 6-45 所示。

07 激活"直接选择工具"，调整心形路径左右两个锚点，使心形的外形饱满，效果如

图 6-46 所示。

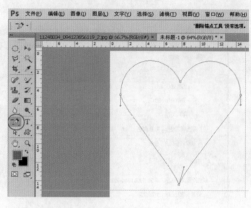

图 6-45　　　　　　　　　　　　　　　　　　图 6-46

08 在"路径"面板中，单击右侧的下拉按钮，选择"存储路径"命令，如图 6-47 所示。

09 在弹出的"存储路径"对话框中输入文字"红桃"，如图 6-48 所示。

10 单击"路径"面板下方的"将路径作为选区载入"按钮，如图 6-49 所示，将路径转化为选区。

图　6-47　　　　　　　　　图　6-48　　　　　　　　　图　6-49

11 切换到"图层"面板新建图层"图层 1"，如图 6-50 所示。

12 设置前景色为红色并填充，效果如图 6-51 所示，"红桃"制作完成。

13 在"路径"面板中，拖动"红桃"路径至下方"创建新路径"按钮处，复制出新的路径，并命名为"黑桃"，如图 6-52 所示。

  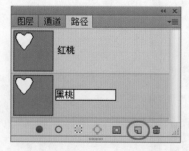

图　6-50　　　　　　　　　图　6-51　　　　　　　　　图　6-52

14 激活工具箱中的"路径选择工具"，选择"红桃"路径，选择"编辑"→"拷贝"→"粘贴"命令，并将复制的路径移动到画面右上角区域，效果如图 6-53 所示。

15 选择"编辑"→"变换路径"→"垂直翻转"命令。激活工具箱中的"直接选择工具"，选择心形路径最上方的锚点并向下拖动，效果如图 6-54 所示。

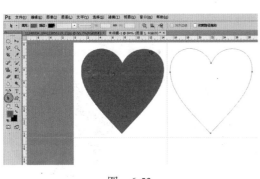

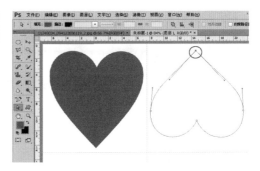

图　6-53　　　　　　　　　　　　　图　6-54

16 激活工具箱中的"钢笔工具"，在如图 6-55 所示的位置绘制一个等腰三角形路径。

17 激活工具箱中的"添加锚点工具"，如图 6-56 所示，在等腰三角形两边各添加一个锚点。

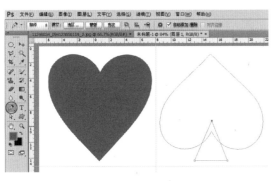

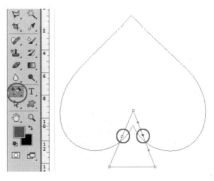

图　6-55　　　　　　　　　　　　　图　6-56

18 激活"直接选择工具"，调整等腰三角形路径左右两个锚点，调整锚点，效果如图 6-57 所示。

19 在"直接选择工具"的属性栏中选择"合并形态"选项中的"合并形状"命令，如图 6-58 所示，然后再选择"合并形状组件"命令，使三角形路径与心形路径结合为一个路径，效果如图 6-59 所示。

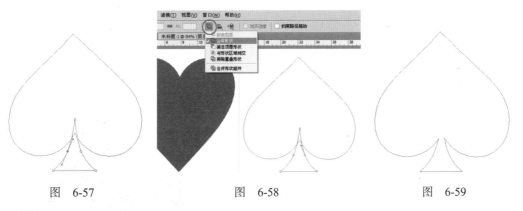

图　6-57　　　　　　　　　图　6-58　　　　　　　　　图　6-59

20 在"图层"面板中新建"图层 2"，如图 6-60 所示。

21 在"路径"面板中单击面板下方的"将路径作为选区载入"按钮，将路径转变为选区，如图 6-61 所示。

22 设置前景色为黑色并填充，效果如图 6-62 所示，黑桃制作完成。

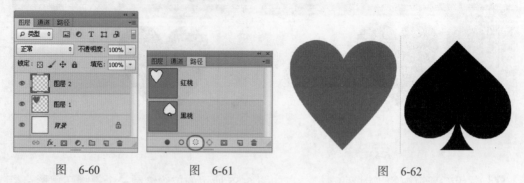

图 6-60   图 6-61   图 6-62

23 激活工具箱中的"椭圆工具"，按 Shift 键在画面左下角位置绘制一个正圆路径，效果如图 6-63 所示。

24 激活"路径选择工具"选取路径，复制路径两次，将复制的圆形路径调整至如图 6-64 所示位置。

25 激活"路径选择工具"，将 3 个路径一同选取并合并路径，效果如图 6-65 所示。

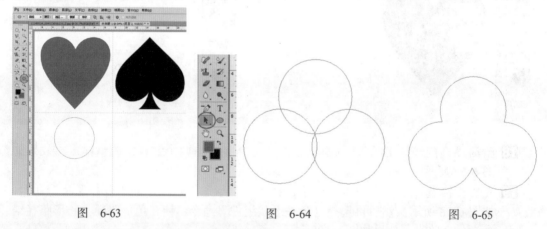

图 6-63   图 6-64   图 6-65

26 在"路径"面板中将新建路径命名为"梅花"，如图 6-66 所示。单击面板下方的"将路径作为选区载入"按钮，将其转换为选区。

27 切换到"图层"面板，如图 6-67 所示，新建图层"图层 3"并填充黑色，效果如图 6-68 所示。

图 6-66   图 6-67   图 6-68

28 在"图层"面板中,以"图层2"为当前选择层,如图6-69所示。

29 激活工具箱中的"多边形套索工具",如图6-70所示,选取三角形部分进行复制、粘贴操作,生成"图层4",如图6-71所示。

图 6-69

图 6-70

图 6-71

30 激活工具箱中的"移动工具",调整"图层4"的位置,效果如图6-72所示。

31 在"图层"面板中,合并"图层3"和"图层4",此时"图层"面板如图6-73所示,梅花制作完成。

32 激活工具箱中的"矩形工具",按Shift键在画面右下角绘制一个正方形路径,效果如图6-74所示。

33 按Ctrl+T键调出变换框,再按住Shift键旋转45°。激活工具箱中的"直接选择工具",选择路径左右两端的锚点分别向内收缩一定距离,效果如图6-75所示。

图 6-72

图 6-73

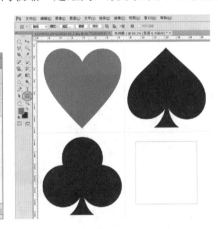
图 6-74

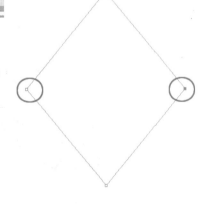
图 6-75

34 在"图层"面板中新建图层"图层4",如图6-76所示。

35 切换到"路径"面板,如图6-77所示,将新建路径命名为"方片",将其转换为选区后填充红色,效果如图6-78所示。至此,扑克牌的4个花色图形效果制作完成并另存为"扑克花色图形"。

图 6-76

图 6-77

图 6-78

6.4 文字与路径的转换

利用将文字转换为工作路径的命令可以将字符作为矢量形状处理。工作路径是"路径"面板中的临时路径，用于定义形状的轮廓。在文字图层中创建的工作路径可以像其他路径一样存储和编辑，但不能将此路径中的字符作为文本进行编辑。将路径转换为工作路径后，原文字图层保持不变并可以继续进行编辑。操作步骤如下。

图 6-79

01 打开素材图像并输入文字，调整大小，效果如图 6-79 所示。

02 选择"文字"→"创建工作路径"命令，将文字轮廓转换为路径。

03 关闭文字所在图层。激活"路径选择工具"并单击文字轮廓，路径显示效果如图 6-80 所示。

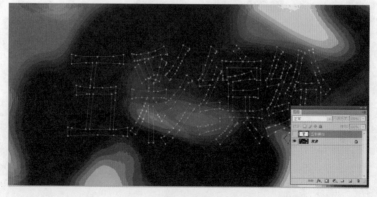

图 6-80

04 新建"图层 1"，打开"路径"面板并单击鼠标右键，在弹出的快捷菜单中选择"填充路径"命令。如图 6-81 所示，选择填充图案，单击"确定"按钮，效果如图 6-82 所示。

图 6-81 图 6-82

05 同样，通过改变画笔属性，可以将路径描边，效果如图 6-83 所示。

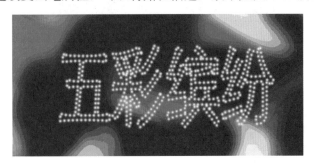

图 6-83

06 以文字层为当前层，如图 6-84 所示，选择"文字"→"转换为形状"命令，将其转换为形状。

图 6-84

07 选择"编辑"→"定义自定形状"命令，弹出"形状名称"对话框，如图 6-85 所示。单击"确定"按钮，将文字路径定义为形状。

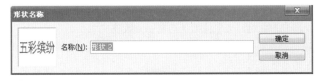

图 6-85

08 隐藏该图层，激活"多边形工具"，在其属性栏中选择刚刚定义的形状，然后按住鼠标左键在画面中绘制，效果如图 6-86 所示，注意观察"图层"面板效果。

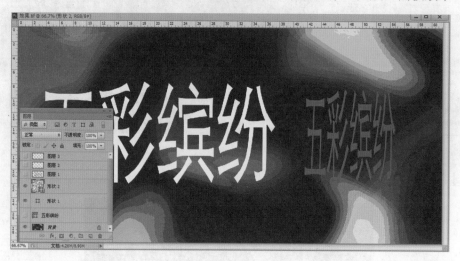

图　6-86

6.5 文字适配路径

在 Photoshop CS6 中，可以利用钢笔工具绘制形态各异的路径，利用文字工具沿着路径输入文字。当绘制完路径后，在路径边缘或内部单击输入符后即可输入文字。

01 打开图像，激活"钢笔工具"，绘制如图 6-87 所示的路径。

02 激活文字工具，将鼠标指针放置在路径上并单击，直至出现插入符，然后输入相应文字，效果如图 6-88 所示，文字即可按照路径的走向排列。

03 更改文字字号、字体、色彩和字距等属性，方法与更改点文字的方法一样。

04 绘制封闭路径，如图 6-89 所示。

05 作为封闭路径，既可以沿路径外围输入文字，也可以在内部输入文字，如图 6-90 所示。

图　6-87

注意

（1）当改变路径形状时，文字将跟随路径一起发生变化。

（2）在封闭路径内输入文字时，只需激活文本工具，然后将指针移到闭合路径内单击，在路径外会出现文字界定框，此时方可输入文字。

图 6-88

图 6-89

图 6-90

6.6 咖啡包装设计案例解析

咖啡包装设计效果如图 6-91 所示。设计步骤如下。

6.6.1 咖啡包装——正面设计

01 根据设计需要，新建文件，设置文件大小，如图 6-92 所示。

02 设置前景色为红色，背景色为黑色，选择"滤镜"→"渲染"→"云彩"命令，效果如图 6-93 所示（如果画面中黑色部分过少，可继续选择"云彩"滤镜命令，直到获得满意效果为止）。

图 6-91

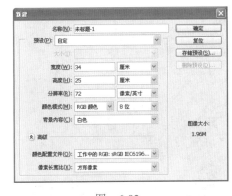
图 6-92

图 6-93

03 选择"滤镜"→"渲染"→"中间值"命令，在弹出的对话框中设置"半径"为 30 像素，单击"确定"按钮，如图 6-94 所示，效果如图 6-95 所示。

04 选择"滤镜"→"模糊"→"动感模糊"命令，在弹出的对话框中设置"角度"

和"距离"参数，单击"确定"按钮，如图 6-96 所示，效果如图 6-97 所示。

图 6-94   图 6-95   图 6-96

05 选择"图像"→"调整"→"曲线"命令，在弹出的对话框中调整曲线参数，单击"确定"按钮，如图 6-98 所示，效果如图 6-99 所示。

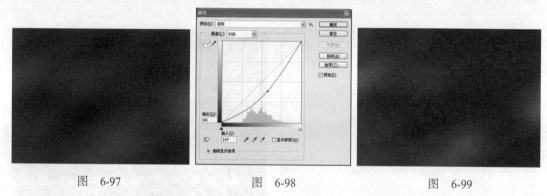

图 6-97   图 6-98   图 6-99

06 在"图层"面板中新建图层"图层 1"，如图 6-100 所示。

07 激活工具箱中的"钢笔工具"，在画面中绘制一个封闭路径，在绘制过程中，可通过激活"直接选择工具"调整锚点，获得满意的曲线与形状，调整位置，效果如图 6-101 所示。

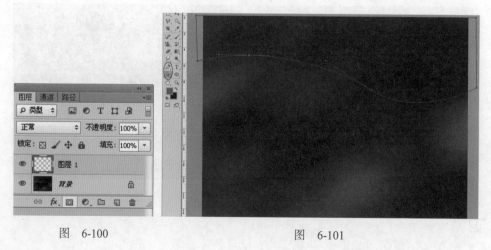

图 6-100   图 6-101

08 在"路径"面板中单击面板下方的"将路径作为选区载入"按钮，如图 6-102 所示。设置前景色为黑色，然后填充选区，效果如图 6-103 所示。

09 在"图层"面板中新建图层"图层 2"，如图 6-104 所示。激活"钢笔工具"绘制如图 6-105 所示的封闭路径。

图　6-102

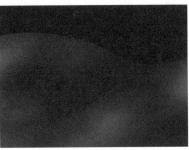

图　6-103

图　6-104

10 将路径转换为选区，激活工具箱中的"渐变工具"，在其相应属性栏中单击"点按可编辑渐变"按钮，按图 6-106 所示编辑渐变色，单击"新建"按钮，将渐变效果存储起来以备他用。

11 设置"线性渐变"方式，在画面中自左上至右下填充渐变，效果如图 6-107 所示。

图　6-105

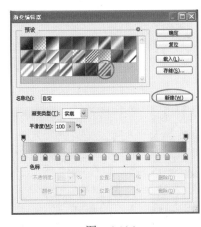

图　6-106

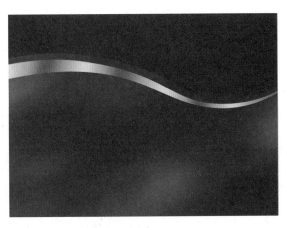

图　6-107

12 打开素材图片"咖啡豆"文件，如图 6-108 所示。

13 将"咖啡豆"图片复制至文件中，调整大小与位置，效果如图 6-109 所示。

14 激活"钢笔工具"，绘制如图 6-110 所示的封闭路径。

15 将路径转换为选区，选择"选择"→"反向"命

图　6-108

令，将选区反选，按 Delete 键删除，效果如图 6-111 所示。

图　6-109　　　　　　　　　图　6-110　　　　　　　　　图　6-111

16 选择"滤镜"→"滤镜库"命令，再选择"艺术效果"→"木刻"选项，在弹出
的对话框中设置如图 6-112 所示参数，单击"确定"按钮，效果如图 6-113 所示。

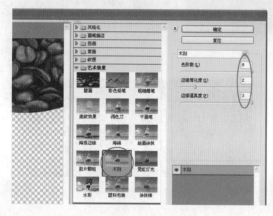

图　6-112　　　　　　　　　　　　　　　　　　　图　6-113

17 打开素材图片"咖啡杯"，如图 6-114 所示。

18 将"咖啡杯"图片复制到文件中，调整大小与位置，效果如图 6-115 所示。

19 在"图层"面板中，设置图层"混合模式"为"滤色"，如图 6-116 所示，此时效
果如图 6-117 所示。

图　6-114　　　　　　　　　图　6-115　　　　　　　　　图　6-116

20 在"图层"面板中新建"图层 5"，如图 6-118 所示。

21 激活工具箱中的"矩形选框工具"，在画面中间偏上位置绘制一个矩形选框，填充
刚才存储的渐变色，效果如图 6-119 所示。

图 6-117　　　　　　　图 6-118　　　　　　　图 6-119

22 在"图层"面板中新建"图层6"，如图6-120所示。

23 用同样方法绘制一个矩形选框并填充为白色，效果如图6-121所示。

24 激活工具箱中的"椭圆选框工具"，按住Shift键绘制一个正圆选框并填充白色，效果如图6-122所示。

25 激活工具箱中的"横排文字工具"，在画面中输入文字"Coffee"，注意在属性栏中调整字体、颜色和大小，效果如图6-123所示。

图 6-120

26 在"图层"面板中，单击面板下方的"添加图层样式"按钮，选择添加"投影"选项，在弹出的对话框中设置如图6-124所示参数，单击"确定"按钮，效果如图6-125所示。

图 6-121　　　　　　　图 6-122　　　　　　　图 6-123

27 打开素材图片"咖啡标志"，如图6-126所示。

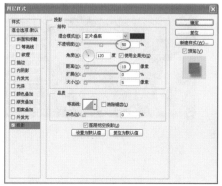 

图 6-124　　　　　　　图 6-125　　　　　　　图 6-126

28 将"咖啡标志"图片复制到文件中，调整大小与位置，效果如图 6-127 所示。

29 在"图层"面板中新建"图层 8"，如图 6-128 所示。

30 激活"椭圆选框工具"，在如图 6-129 所示位置绘制一个椭圆选框，填充白色，保留选区。

图 6-127 图 6-128 图 6-129

31 选择"选择"→"修改"→"扩展"命令，在弹出的对话框中设置如图 6-130 所示参数，单击"确定"按钮即可。

32 选择"编辑"→"描边"命令，在弹出的对话框中设置如图 6-131 所示参数，单击"确定"按钮，效果如图 6-132 所示。

33 在"图层"面板中单击"锁定"按钮，如图 6-133 所示。

图 6-130

图 6-131 图 6-132 图 6-133

34 填充预设的渐变色，效果如图 6-134 所示。

35 激活工具箱中的"横排文字工具"，在画面中输入文字"经典原味"，调整字体、色彩和大小，效果如图 6-135 所示。

36 在"图层"面板中，复制"图层 6"为"图层 6 副本"，并将"图层 6 副本"安置在最上层，如图 6-136 所示。

37 按 Ctrl+T 键，缩小图形，并将其移动至如图 6-137 所示的右下角位置。

图 6-134

38 设置前景色为黑色，激活"油漆桶工具"并填充为黑色，效果如图 6-138 所示。

39 激活"矩形选框工具"，在图形上绘制一个矩形选框，按 Delete 键删除，效果如

图 6-139 所示。

40 激活文字工具，设置相应的字体、字号，输入如图 6-140 所示文字。

图　6-135　　　　　　　图　6-136　　　　　　　图　6-137

图　6-138　　　　　　　图　6-139　　　　　　　图　6-140

41 打开"咖啡标志"文件，激活工具箱中的"魔棒工具"，如图 6-141 所示，选取咖啡豆部分。

42 激活"移动工具"，将"咖啡豆"图形拖入文件中，并调整大小、位置，效果如图 6-142 所示。

43 咖啡包装正面设计完成，并命名为"正面设计"，效果如图 6-143 所示，此时"图层"面板如图 6-144 所示。

图　6-141

图　6-142　　　　　　　图　6-143　　　　　　　图　6-144

6.6.2 咖啡包装——侧面设计

01 根据设计需要，新建文件，设置文件大小，如图 6-145 所示。

02 激活"移动工具"，将"正面设计"文件中背景层拖入文件中，效果如图 6-146 所示。

03 打开素材图片"喝咖啡的女孩，如图 6-147 所示。

04 将"喝咖啡的女孩"图片复制到文件中，调整大小与位置，效果如图 6-148 所示。

05 新建图层，激活"矩形选框工具"绘制一个矩形选框并填充黑色，效果如图 6-149 所示。

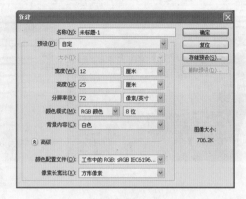

图 6-145

图 6-146　　　　图 6-147　　　　图 6-148　　　　图 6-149

06 激活"移动工具"，将"正面设计"文件中的"Coffee"文字图层拖入文件中，调整大小与位置，效果如图 6-150 所示。

07 用同样方法将"正面设计"文件中的咖啡标志图层拖入文件中，调整大小与位置，效果如图 6-151 所示。侧面效果完成，并命名为"侧面设计"，效果如图 6-152 所示。

图 6-150　　　　　　图 6-151　　　　　　图 6-152

6.6.3　咖啡包装——顶部设计

01 打开素材图片"咖啡豆"，如图 6-153 所示。

02 选择"图像"→"画布大小"命令，在弹出的对话框中调整"高度"参数为 12 厘米，单击"确定"按钮，如图 6-154 所示。

03 选择"滤镜"→"滤镜库"命令，再选择"艺术效果"→"木刻"选项，在弹出的对话框中设置参数，如图 6-155 所示，单击"确定"按钮，效果如图 6-156 所示。

  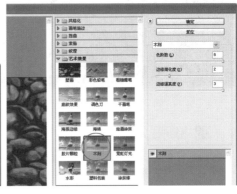

　　图　6-153　　　　　　图　6-154　　　　　　　图　6-155

04 新建图层，激活"矩形选框工具"，在画面中间位置绘制一个矩形选框并填充黑色，效果如图 6-157 所示。

05 激活"移动工具"，将"正面设计"文件中的咖啡标志图层拖入文件中，调整大小与位置，效果如图 6-158 所示，完成顶部设计并保存效果。

　　图　6-156　　　　　　图　6-157　　　　　　　图　6-158

6.6.4　咖啡包装——立体效果

01 根据设计需要，新建文件，设置文件大小，如图 6-159 所示。

02 设置前景色为黑色，背景色为棕红色，激活工具箱中的"渐变工具"，设置"线性渐变"方式，在画面中自左上至右下填充渐变色，效果如图 6-160 所示。

03 双击背景层并命名为"图层 1"。将"正面设计"文件合并图层。激活"移

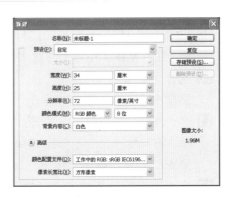

图　6-159

动工具"，将合层的"正面设计"文件拖入文件中，自动生成"图层 2"。

04 如图 6-161 所示，复制"图层 2"为"图层 2 副本"。将"图层 2 副本"置于"图层 2"的下面并关闭图标，选择"图层 2"为当前选择层。

05 选择"编辑"→"变换"→"扭曲"命令，将图形调整为如图 6-162 所示形态。

图 6-160   图 6-161   图 6-162

06 用同样方法将"侧面设计"合并图层后复制到该文件中生成"图层 3"。如图 6-163 所示，复制"图层 3"为"图层 3 副本"，并将"图层 3 副本"置于"图层 2 副本"上面，关闭眼睛图标。

07 以"图层 3"为当前层，选择"编辑"→"变换"→"扭曲"命令，将图形调整为如图 6-164 所示形态。

08 用同样方法将"顶部设计"文件复制到该文件中生成"图层 4"，调整大小、角度，效果如图 6-165 所示。

图 6-163   图 6-164   图 6-165

09 以"图层 4"为当前层，选择"图像"→"调整"→"色相 / 饱和度"命令，如图 6-166 所示，在弹出的对话框中将明度增加 20。

10 选择"图像"→"调整"→"亮度 / 对比度"命令，如图 6-167 所示，在弹出的对话框中将亮度增加 50。单击"确定"按钮，效果如图 6-168 所示。

11 在"图层"面板中，以"图层 3"为当前选择层。选择"图像"→"调整"→"色相 / 饱和度"命令，如图 6-169 所示，在弹出的对话框中，将饱和度降 20，明度降 50。单击"确定"按钮，效果如图 6-170 所示。

12 在"图层"面板中新建"图层 5"，并将"图层 5"置于"图层 2"的下面，如图 6-171 所示。

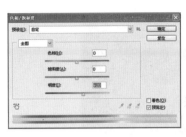

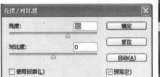

图 6-166　　　　　　　　　　图 6-167　　　　　　　　　　图 6-168

图 6-169　　　　　　　　　　图 6-170　　　　　　　　　　图 6-171

13　激活工具箱中的"多边形套索工具"，绘制一个如图 6-172 所示形状的选区。

14　激活工具箱中的"画笔工具"，调整笔头大小，"不透明度"设置为 10% 左右，如图 6-173 所示，在选区内绘制阴影效果。

图　6-172　　　　　　　　　　图　6-173

15　在"图层"面板中，如图 6-174 所示，以"图层 2 副本"为当前选择层，打开 ● 图标。

16　选择"编辑"→"变换"→"垂直翻转"命令，调整大小与位置，效果如图 6-175 所示。

17　选择"编辑"→"变换"→"扭曲"命令，将图形调整为如图 6-176 所示形态。

18　在"图层"面板中，如图 6-177 所示，将"不透明度"调整为 40%，效果如图 6-178 所示。

图 6-174 图 6-175

图 6-176 图 6-177 图 6-178

19 在"图层"面板中，如图 6-179 所示，单击面板下方的"添加图层蒙版"按钮，激活工具箱中的"渐变工具"，填充蒙版渐变色（黑白过渡），效果如图 6-180 所示。

图 6-179 图 6-180

20 在"图层"面板中，如图 6-181 所示，以"图层 3 副本"为当前选择层，打开 图标，重复上述步骤，制作出侧面的投影效果。此时"图层"面板如图 6-182 所示，咖啡包装立体效果制作完成，效果如图 6-91 所示。

图 6-181 图 6-182

思考与练习

（1）掌握包装设计的基本构成元素。

（2）熟练掌握路径工具的使用方法。

（3）理解其与选择区域相互转换的技巧。

（4）熟练掌握文字适配路径的方法。

（5）临摹如图 6-183 和图 6-184 所示作品。

图 6-183

图 6-184

Chapter 07

图形、图案的设计

图形可以理解为除摄影以外的一切图和形。图形以其具有独特的想象力，在版面构成中形成了独特的视觉魅力。图形是在平面构成要素中形成广告性格及提高视觉注意力的重要素材（图形能够左右广告的传播效果，占据了重要版面，有的甚至是全部版面。图形往往能引起人们的注意，并激发阅读兴趣，图形给人的视觉印象要优于文字），如图 7-1 和图 7-2 所示。

图案即图形的设计方案。一般而言，可以把非再现性的图形表现都称作图案，包括几何图形、视觉艺术和装饰艺术等图案，如图 7-3 所示。

图 7-1　　　　　　　　　图 7-2　　　　　　　　　图 7-3

图案教育家、理论家雷圭元先生在《图案基础》一书中，对图案的定义综述为："图案是实用美术、装饰美术、建筑美术方面，关于形式、色彩、结构的预先设计。在工艺材料、用途、经济、生产等条件制约下，制成图样，装饰纹样等方案的通称。"

7.1 图形创意的表现形式

图形作为设计的语言，要注意把意思表达清楚。在处理中必须抓住主要特征，注意关键部位的细节，否则差之毫厘，失之千里。

图形作为构成广告版面的主要视觉元素，其关键在于是否和广告效果具有密切的关系。图形表现趣味浓厚，才能提高人们的注意力，得到预期的广告效果。广告的图形是用来创造一个具有强烈感染力的视觉形象。广告作为视觉信息传递的媒介，是一种文字语言和视觉形象的有机结合物，作为视觉艺术，强调的是观感效果，而这一视觉效果并非广告文字的简单解释。在广告设计中，图形创意的作用主要表现在以下几个方面：

- 准确传达广告的主题，并且使人们更易于接受和理解广告的"看读效果"。
- 有效利用图形的"视觉效果"，吸引人们的注意。
- 猎取人们的心理反应，使人们被图形吸引从而将视线转向文字。

图形的创意表现是通过对创意的中心的深刻思考和系统分析，充分发挥想象思维和创造力，将想象、意念形象化、视觉化。这是创意的最后环节，也是关键的环节。图形创意是从怎样分析、怎样思考到怎样表现的过程。由于人类特有的社会劳动和语言，使人的意识活动达到了高度发展的水平，人的思维是一个由认识表象开始，再将表象记录到大脑中形成概念，而后将这些来源于实际生活经验的概念普遍化加以固定，从而使外部世界乃至自身思维世界的各种对象和过程均在大脑中产生各自对应的映像。这些映像是由直接的外在关系中分离出来，独立于思维中保持并运作的，以狭义语言为基础，又表现为可视图形、肢体动作、音乐等广义语言。

奇、异、怪的图形并非是设计师追求的目标，通俗易懂、简洁明快的图形语言，才是达到强烈视觉冲击力的必要条件，以便于公众对广告主题的认识、理解与记忆。

在一定的艺术哲理与视觉原理中，创意通过上下几千年纵横万里想象与艺术创造。作为复杂而妙趣横生的思维活动的创意，在现在的图形创意、广告设计中，是以视觉形象出现的，而且具有一定的创意形式，如图 7-4 和图 7-5 所示。

图形本身是视觉空间设计中的一种符号形象，是视觉传达过程中较直接、较准确的传达媒体，在沟通人们与文化、信息方面起到了不可忽视的作用。在图形设计中，符号学的运用影响着图形设计的表形性思维的表诉。也正是由于它的存在，使平面图形设计的信息传达更加科学准确，表现手法更加丰富多彩，如图 7-6～图 7-8 所示。

图　7-4

 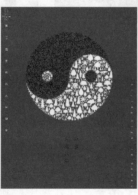  

图　7-5　　　　　　图　7-6　　　　　　图　7-7　　　　　　图　7-8

平面图形设计本身是符号的表达方式，设计者借它向受众传达自身的思维过程与结论，达到指导或是劝说的目的。换言之，受众也正是通过设计者的作品，与自身经验加以印证，最终了解设计者所希望表达的思想感情。显而易见，作为中间媒体的平面图形设计作品，这时就充当着设计者思想感情符号，而这个符号所需表达的信息是否可以被观者准确、快速、有效地接受与认知，就成了设计作品成功与否的标志。这正是由设计者在设计的思维过程中对图形符号的挑选、组合、转换、再生把握的准确有效程度所决定的。由此可以说，符号是表达思想感情的工具。"工欲善其事，必先利其器"这句古训在这里得到了新的诠释。

7.2 图案创意的表现形式

7.2.1 变化与统一

变化，是指图案的各个组成部分的差异。

统一，是指图案的各个组成部分的内在联系。

图案不论大小都包括内容的主次、构图的虚实聚散、形体的大小方圆、线条的长短粗细、色彩的明暗冷暖等各种矛盾关系，这些矛盾关系使图案生动活泼、有动感，但处理不好，又易杂乱。如用统一的手法把它们有机地组织起来，形成既丰富，又有规律，从整体到局部做到多样统一的效果。统一中求变化，在变化中求统一，使图案的各个组成部分成为既有区别又有内在联系的变化的统一体，如图 7-9 所示。

7.2.2 对称与均衡

对称指假设的一条中心线（或中心点），在其左右、上下或周围配置同形、同量、同色的纹样所组成的图案。

从自然形象中，到处都可以发现对称的形式，如我们自身的五官和形体、植物对生的叶子和蝴蝶等，都是优秀的左右对称典型。从心理学角度来看，对称满足了人们生理和心理上的对于平衡的要求，对称是原始艺术和一切装饰艺术普遍采用的表现形式，对称形式构成的图案具有重心稳定和静止庄重、整齐的美感，如图 7-10 所示。

图 7-9

图 7-10

均衡是指中轴线或中心点上下左右的纹样等量不等形，即分量相同，但纹样和色彩不同，是依中轴线或中心点保持力的平衡。在图案设计中，这种构图生动活泼富于变化，有动的感觉，具有变化美，如图 7-11 所示。

7.2.3 条理与反复

条理是有条不紊。反复是来回重复。条理与反复即有规律的重复。

自然界的物象都是在运动和发展着的。这种运动和发展是在条理与反复的规律中进行的，如植物花卉

图 7-11

的枝叶生长规律，花形生长的结构，飞禽羽毛、鱼类鳞片的生长排列，都呈现出条理与反复这一规律。

图案中的连续性构图最能说明这一特点。连续性的构图是装饰图案中的一种组织形式，它是将一个基本单位纹样作上下左右连续，或向四方重复地连续排列而成的连续纹样。图案纹样有规律地排列，有条理地重叠交叉组合，使其具有淳厚质朴的感觉，如图 7-12 所示。

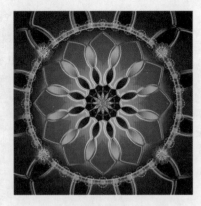

图 7-12

7.2.4 节奏与韵律

节奏是规律性的重复，在音乐中被定义为"互相连接的音，所经时间的秩序"，在造型艺术中则被认为是反复的形态和构造。在图案中将图形按照等距格式反复排列，作空间位置的伸展，如连续的线、断续的面等，就会产生节奏。

韵律是节奏的变化形式。它变节奏的等距间隔为几何级数的变化间隔，赋予重复的音节或图形以强弱起伏、抑扬顿挫的规律变化，就会产生优美的律动感。

节奏与韵律往往互相依存，互为因果。韵律在节奏基础上丰富，节奏是在韵律基础上的发展。一般认为节奏带有一定程度的机械美，而韵律又在节奏变化中产生无穷的情趣，如植物枝叶的对生、轮生、互生，各种物象由大到小，由粗到细，由疏到密，不仅体现了节奏变化的伸展，也是韵律关系在物象变化中的升华，如图 7-13 和图 7-14 所示。

图 7-13

图 7-14

7.2.5 对比与调和

对比是指在质或量方面区别和差异的各种形式要素的相对比较。在图案中常采用各种对比方法。一般是指形、线、色的对比；质量感的对比；刚柔静动的对比。在对比中相辅相成，互相依托，使图案活泼生动，而又不失于完整，如图 7-15 所示。

调和就是适合，即构成美的对象在部分之间不是分离和排斥，而是统一、和谐，被赋予了秩序的状态。一般来讲，对比强调差异，而调和强调统一，适当减弱形、线、色等图案要素间的差距，如同类色配合与邻近色配合具有和谐宁静的效果，给人以协调感，如图 7-16 和图 7-17 所示。

图　7-15　　　　　　　　　图　7-16　　　　　　图　7-17

对比与调和是相对而言的，没有调和就没有对比，它们是一对不可分割的矛盾统一体，也是实现图案设计统一变化的重要手段。

7.3 蒙版与通道

蒙版与通道是 Photoshop 中两个较为抽象的概念，在图像处理与合成的过程中起着非常重要的作用，特别是在创建和保存特殊选区及制作特殊效果方面更有其独到之处。

7.3.1 蒙版

蒙版是指将不同灰度色值转化为不同的透明度，并作用到它所在的图层中，使图层不同部位的透明度产生相应的变化。黑色为完全透明，白色为完全不透明。蒙版还具有保护和隐藏图像的功能，当对图像的某一部分进行特殊处理时，利用蒙版可以隔离并保护其余的图像部分不被修改或破坏。

根据创建方式的不同，蒙版可分为图层蒙版、矢量蒙版、剪贴蒙版和快速编辑蒙版 4 种类型。

图层蒙版是位图图像，与分辨率相关，是用绘图工具或选框工具创建的；矢量蒙版与分辨率无关，是用路径工具或形状工具创建的；剪贴蒙版是由基底图层和内容图层创建的；快速编辑蒙版是利用工具箱中的 ◙ 按钮直接创建的。

1. 创建和编辑图层蒙版

在"图层"面板中选择要添加图层蒙版的图层或图层组，然后执行下列任一操作即可。

- 选择"图层"→"图层蒙版"→"显示全部"命令，可创建出显示整个图层的蒙版。如果图像中存在选区，选择"图层"→"图层蒙版"→"显示选区"命令，可根据选区创建显示选区内图像的蒙版。
- 选择"图层"→"图层蒙版"→"隐藏全部"命令，可创建出隐藏整个图层的蒙版。如果图像中存在选区，选择"图层"→"图层蒙版"→"隐藏选区"命令，可根据选区创建隐藏选区内图像的蒙版。

在"图层"面板中单击蒙版缩略图使其成为当前选中状态，然后在工具箱中选择任意绘图工具，执行下列任一操作即可。

- 在蒙版图像中绘制黑色，可增加蒙版被屏蔽的区域，并显示更多的图像。
- 在蒙版图像中绘制白色，可减少蒙版被屏蔽的区域，并显示更少的图像。
- 在蒙版图像中绘制灰色，可创建半透明效果的屏蔽区域。

2. 创建和编辑矢量蒙版

矢量蒙版是由形状工具和路径工具创建的，执行下列任一操作即可。

- 选择"图层"→"矢量蒙版"→"显示全部"命令，可创建出显示整个图层的矢量蒙版。
- 选择"图层"→"矢量蒙版"→"隐藏全部"命令，可创建出隐藏整个图层的矢量蒙版。
- 当图像中存在路径且处于显示状态时，选择"图层"→"矢量蒙版"→"当前路径"命令，可创建显示形状内容的矢量蒙版。

在"图层"面板或"路径"面板中单击矢量蒙版缩略图，使其处于当前选中状态，然后利用钢笔工具或路径编辑工具更改路径形状，即可编辑矢量蒙版。

在"图层"面板中选择要编辑的矢量蒙版层，然后选择"图层"→"栅格化"→"矢量蒙版"命令，可将矢量蒙版转化为图层蒙版。

3. 停用和启用蒙版

添加蒙版后，选择"图层"→"图层蒙版"→"停用"命令或"图层"→"矢量蒙版"→"停用"命令，可将蒙版停用，此时"图层"面板中蒙版缩略图上会出现红色的交叉符号，且图像文件中会显示不带蒙版效果的图层内容。按住 Shift 键反复单击"图层"面板中的蒙版缩略图，可在停用和启用蒙版之间切换。

4. 应用或删除图层蒙版

完成图层蒙版的创建后，既可以应用蒙版使其更改永久化，也可以扔掉蒙版而取消更改。

（1）应用图层蒙版

选择"图层"→"图层蒙版"→"应用"命令，或单击"图层"面板下方的█按钮，在弹出的对话框中单击"应用"按钮即可，如图 7-18 所示。

（2）删除图层蒙版

选择"图层"→"图层蒙版"→"删除"命令，或单击"图层"面板下方的█按钮，在弹出的对话框中单击"删除"按钮即可，如图 7-18 所示。

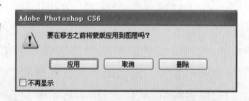

图 7-18

5. 取消图层与蒙版的链接

默认状态下，图层与蒙版处于链接状态。当使用移动工具移动图层或蒙版时，该图层及其蒙版会在图像文件中一起移动，取消它们之间的链接后可以单独移动。

选择"图层"→"图层蒙版"→"取消链接"或"图层"→"矢量蒙版"→"取消链接"命令即可取消链接。

在"图层"面板中，单击图层缩略图与蒙版缩略图之间的"链接"图标，"链接"图标将消失，表明图层与蒙版之间已取消链接；再次单击，则"链接"图标出现，表明图层与蒙版之间重新链接。

6. 创建剪贴蒙版

将两个或两个以上的图层创建剪贴蒙版，将利用"创建剪贴蒙版层"下方对象的轮廓来剪切上面的图层内容。

绿色饮品——蒙版运用

图　7-19

01 打开素材，如图7-19所示，激活"选择工具"，分别将杯口及果汁部分复制后创建"图层1"、"图层2"。

02 打开素材，如图7-20和图7-21所示，然后分别复制至文件中，调整图层关系，此时"图层"面板如图7-22所示。

03 依次在"图层3"、"图层4"上单击鼠标右键，在其下拉菜单中选择"创建剪贴蒙版"命令，效果如图7-23所示。

04 激活"移动工具"，分别调整"图层3"、"图层4"，效果如图7-24所示。

图　7-20

图　7-21

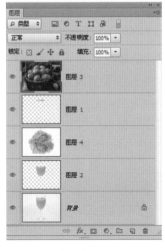

图　7-22

图　7-23

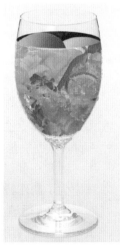

图　7-24

7．释放剪贴蒙版

01 在"图层"面板中，选择剪贴蒙版中的任一图层，然后选择"图层"→"释放剪贴蒙版"命令，即可释放蒙版，将图层还原为相互独立的状态。

02 按住 Alt 键将指针放置在分隔两组图层的线上，当指针显示为其他形状时单击，即可释放剪贴蒙版。

7.3.2　通道

通道是用来保存不同颜色信息的灰度图像，可以存储图像中的颜色数据、蒙版或选区。每幅图像根据色彩模式不同，都有一个或多个通道，通过编辑通道中的各种信息可以对图像进行编辑处理。

在通道中，白色代替图像中的透明区域，表示要处理的部分，可以直接添加选区；黑色表示不处理的部分，不能直接添加选区。

1．通道类型

根据通道存储的内容不同，可以分为复合通道、单色通道、专色通道和 Alpha 通道，如图 7-25 所示。

图　7-25

- 复合通道（RGB 通道）：不同色彩模式的图像通道数量不同，默认状态下，位图、灰度和索引色模式的图像只有一个通道，RGB 和 Lab 模式的图像有 3 个通道；CMYK 色彩模式的图像有 4 个通道。

通道面板的最上面一个通道称作复合通道，代表每个通道叠加后的图像颜色，下面的通道是拆分后的单色通道。

- 单色通道（红、绿、蓝通道）：在通道面板中都显示为灰色，通过 0 ~ 255 级亮度的灰度表示颜色。在通道中很难控制图像的颜色效果，所以一般不采取直接修改颜色通道的方法改变图像的颜色。

- 专色通道：在进行颜色比较多的特殊印刷时，除了默认的颜色通道，还可以在图像中创建专色通道。如印刷中常见的烫金、烫银或企业专有色等都需要在图像处理时进行通道专有色的设定。

在图像中添加专色通道后，必须将图像转换为多通道模式才能够进行印刷的输出。

- Alpha 通道：是为保存选区而专门设计的通道，主要用来保存图像中的选区和蒙版。通常在创建一个新的图像时，并不一定生成 Alpha 通道，一般是在图像处理过程中为了制作特殊选区或蒙版而生成的，并可从中提取选区信息，因此在输出制版时，Alpha 通道会因为与最终生成的图像无关而被删除，但有时也要保留 Alpha 通道，特别在利用三维软件最终输出作品时，会附带生成一个 Alpha 通道，以便在平面软件中做后期处理。

2. "通道"面板

选择"窗口"→"通道"命令，即可打开"通道"面板。

- "指示通道可视性"图标：此图标与"图层"面板中的相同，单击此图标可以在显示与隐藏该通道之间切换。

> **注意**　当"通道"面板中某一单色通道被隐藏后，复合通道会自动隐藏；当选择或显示复合通道后，所有的单色通道全部显示。

- 通道缩略图：图标右侧为通道缩略图，其主要作用是显示通道的颜色信息。
- 通道名称：它使用户快速识别各种通道。通道名称的右侧为切换该通道的快捷键。
- "将通道作为选区载入"按钮：单击此按钮，或按住 Ctrl 键单击某个通道，可以将该通道中颜色较淡区域载入为选区。
- "将选区存储为通道"按钮：单击此按钮，可将图像中的选区存储为 Alpha 通道。
- "创建新通道"按钮：单击此按钮可以创建一个新通道。
- "删除当前通道"按钮：可以将当前选择或编辑的通道删除。

3. 创建新通道

新建的通道主要有两种形式，即 Alpha 通道和专色通道。

01 Alpha 通道的创建：单击"通道"面板右上角的按钮，在弹出的菜单中选择"新建通道"命令，或按住 Alt 键单击"通道"面板下方的按钮，在弹出的对话框中，按图 7-26 所示选择相应参数，单击"确定"按钮即可。

02 专色通道的创建：单击"通道"面板右上角的按钮，在弹出的菜单中选择"新建专色通道"命令，或按住 Ctrl 键单击"通道"面板下方的按钮，在弹出的对话框中按图 7-27 所示选择相应参数，单击"确定"按钮即可。

4. 通道的复制与删除

单击"通道"面板右上角的按钮，在弹出的菜单中选择"复制通道"或"删除通道"命令即可对当前通道执行复制或删除操作。也可以将要复制或删除通道作为当前通道，单击鼠标右键，在弹出的快捷菜单中按图 7-28 所示选择相应命令即可。

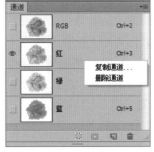

图　7-26　　　　　　　　图　7-27　　　　　　　　图　7-28

5. 将颜色通道显示为原色

默认状态下，单色通道以灰色图像显示，但也可以将其以原色显示。选择"编辑"→"首选项"→"界面"命令，在弹出的对话框中选中"用彩色显示通道"复选框，单击"确定"

按钮即可，如图 7-29 所示。

6. 分离通道

在图像处理过程中，有时需要将通道分离为多个单独的灰色图像，然后分别编辑处理，从而制作出各种特殊的图像效果。

对于只有背景层的图像文件，单击"通道"面板右上角的 ▼≡ 按钮，在弹出的菜单中选择"分离通道"命令，即可将图像中的颜色通道、Alpha 通道和专色通道分离出多个独立的灰度图像。此时源图像被关闭，生成的灰度图像以原文件名和通道缩写形式重新命名。

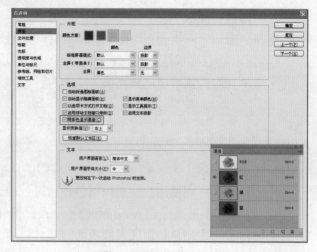

图 7-29

7. 合并通道

分离后的图像同样可以再次合并为彩色图像。将改造后的相同像素、尺寸的任意一幅灰度图像作为当前文件，单击"通道"面板右上角的 ▼≡ 按钮，在弹出的菜单中选择"合并通道"命令，在其对话框中选择必要的参数，如图 7-30 所示，单击"确定"按钮即可。

图 7-30

- 模式：用于指定合并图像的颜色模式，其下拉列表中包括"RGB 颜色"、"CMYK 颜色"、"Lab 颜色"和"多通道"4 种颜色模式。

- 通道：决定合并图像的通道数目，该数值由图像的色彩模式决定。当选择"多通道"模式时，可以有任意多的通道数目。

7.3.3 通道与蒙版运用

利用"应用图像"和"计算"命令，可以将图像中的图层或通道混合起来，得到特殊的图像融合效果。需要特别注意的是采用该命令时，两个图像的文件尺寸、分辨率必须一致，否则无法执行该命令。

1. "应用图像"命令

仍以图 7-20、图 7-21 中图像为对象，选择"图像"→"应用图像"命令，其弹出的对话框如图 7-31 所示。

图 7-31

- 源：设置与目标对象合成的图像文件。如果当前窗口中打开了多个图像文件，在此选项的列表中会一一罗列出来，供与目标对象合成时选择。

- 图层、通道：设置要与目标对象合成时参与的图层和通道。如果图像文件包含多个图层，则在图层列表中选择"合并图层"时，将使用源图像文件的所有图层与目标对象进行合成。如果只有"背景"层，则反映出来的只有背景。

- "反相"复选框：选中此复选框，将在混合图像时表现为通道内容的负片效果。
- 目标：即当前将要执行的文件。
- 不透明度：用于设置目标文件的不透明度。
- "保留透明区域"复选框：选中此复选框，混合效果只应用到结果图层中的不透明区域。
- "蒙版"复选框：选中此复选框，将通过蒙版表现混合效果。可以选择任何颜色通道、选区或 Alpha 通道作为蒙版。

改变肤色——"应用图像"命令的应用

如果对两幅图像应用"应用图像"命令，其先决条件是这两幅图像必须是打开的，且具有相同的文件大小。当然，同一对象利用通道也可应用该命令。

图　7-32

01 打开素材图像，将"背景"层复制为"背景副本"，如图 7-32 所示。

02 打开"通道"面板，单击底部的"创建新通道"按钮，新建"Alpha1"通道，如图 7-33 所示。

03 以"背景副本"为当前层，全选该层并将其复制到"Alpha1"通道中，效果如图 7-34 所示，然后选择"图像"→"调整"→"曲线"命令，在弹出的对话框中按图 7-35 所示调整参数，使人物肤色变白，单击"确定"按钮，效果如图 7-36 所示。

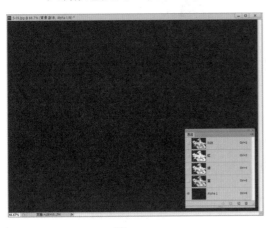

图　7-33

图　7-34

04 以"背景副本"为当前层，选择"图像"→"应用图像"命令，在弹出的对话框中单击"确定"按钮，如图 7-37 所示，效果如图 7-38 所示。

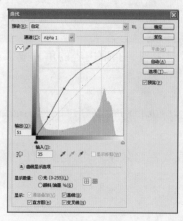

图 7-35

图 7-36

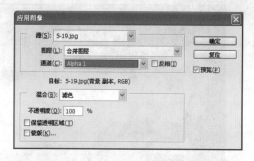

图 7-37

图 7-38

2. "计算"命令

该命令用于混合一个或多个图像的单个通道，可以将混合后的效果应用到当前图像的选区中，也可以应用到新图像或者新通道中。应用此命令可以创建新的选区和通道，也可以创建新的灰度图像文件，但无法生成彩色图像。

选择"图像"→"计算"命令，弹出的对话框如图 7-39 所示。

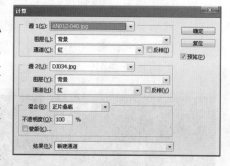

图 7-39

- 源1、源2：可在打开的下拉列表中分别选择二者。系统默认的源图像文件为当前选中的图像文件。

- 图层：可在打开的下拉列表中分别选择参与运算的图层，当选择"合并图层"时，则使用源图像文件中的所有图层参与运算。

- 通道：用于选择参与计算的通道。

- 结果：可在此下拉列表框中选择混合放入的位置，包括"新建文档"、"新建通道"和"选区"3 个选项。

以图 7-20、图 7-21 中图像为对象，选择"图像"→"计算"命令，在弹出的对话框中单击"确定"按钮，如图 7-40 所示，效果如图 7-41 所示。

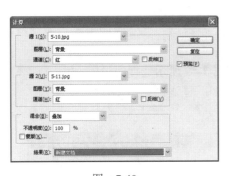

图 7-40

图 7-41

雪花呢面料的设计制作——通道应用

雪花呢面料的设计效果如图 7-42 所示。

01 新建文件，"宽度"为 10 厘米，"高度"为 10 厘米，"分辨率"为 300 像素 / 英寸，如图 7-43 所示。

02 打开"图层"面板，双击背景层将背景层转换为"图层 0"，如图 7-44 所示。（也可在新建文件时将背景设置为"透明"。）

03 打开"通道"面板，新建"Alpha1"通道，如图 7-45 所示。

04 以"Alpha1"通道为当前通道，选择"滤镜"→"杂色"→"添加杂色"命令，在其对话框中设置如图 7-46 所示参数，此时通道效果如图 7-47 所示。

图 7-42

图 7-43

图 7-44

图 7-45

图 7-46

图 7-47

05 以"图层 0"为当前层，选择"滤镜"→"杂色"→"添加杂色"命令，设置如图 7-48 所示参数。

06 选择"选择"→"载入选区"命令，按图 7-49 所示选择通道。

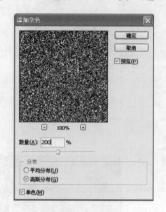 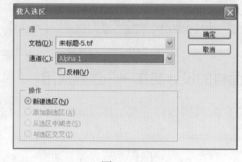

图　7-48　　　　　　　　　　　　　　　　　图　7-49

07 单击"确定"按钮载入选区并填充黑色，效果如图 7-50 所示。

08 取消选区，选择"图像"→"调整"→"变化"命令，在其对话框中按图 7-51 所示设置参数。单击"确定"按钮，效果如图 7-42 所示。

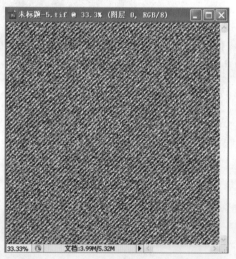 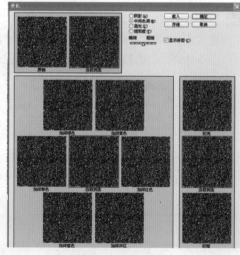

图　7-50　　　　　　　　　　　　　　　　　图　7-51

7.4　图形图案设计解析

7.4.1　四方连续图案设计

四方连续图案设计效果如图 7-52 所示。设计步骤如下。

01 打开花卉资料图片，如图 7-53 所示。

02 如图 7-54 所示，在"图层"面板中复制"背景"层为"背景副本"。

图 7-52　　　　　　　　　图 7-53　　　　　　　　　图 7-54

03 关闭"背景"层的 图标，以"背景副本"层为当前层，激活工具箱中的"魔棒工具"选取花卉周围的底色部分（不能一次选取的部分按 Shift 键加选），按 Delete 键删除背景色，效果如图 7-55 所示。

04 激活工具箱中的"裁剪工具"，按图 7-56 所示裁剪图像。

05 在"图层"面板中，将"背景"层填充为白色，如图 7-57 所示。

图 7-55　　　　　　　　　图 7-56　　　　　　　　　图 7-57

06 选择"图像"→"画布大小"命令，如图 7-58 所示，设置"宽度"和"高度"值，定位在右上角。单击"确定"按钮，效果如图 7-59 所示。

07 如图 7-60 所示，在"图层"面板中复制"背景副本"两次，分别得到"背景副本 2"和"背景副本 3"，关掉"背景副本 3"的 图标。

图 7-58　　　　　　　　　图 7-59　　　　　　　　　图 7-60

08 以"背景副本 2"为当前层，选择"编辑"→"变换"→"水平翻转"命令，然后激活"移动工具"并按住 Shift 键将"背景副本 2"中的图形和"背景副本"中图形拼接好，效果如图 7-61 所示。

09 在"图层"面板中，将"背景副本 2"与"背景副本"合并为"背景副本"图层，如图 7-62 所示。

图 7-61　　　　　图 7-62　　　　　图 7-63

10 再次复制"背景副本"为"背景副本 2"，如图 7-63 所示。

11 选择"编辑"→"变换"→"垂直翻转"命令，然后将"背景副本 2"中的图形和"背景副本"中的图形拼接好，效果如图 7-64 所示。

12 将"背景副本 2"与"背景副本"合并为"背景副本"图层，如图 7-65 所示。

13 选择"图像"→"画布大小"命令，如图 7-66 所示，设置"宽度"和"高度"值，单击"确定"按钮，效果如图 7-67 所示。

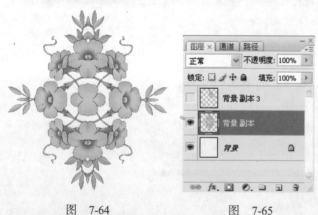

图 7-64　　　　　图 7-65　　　　　图 7-66

14 以"背景副本 3"为当前层，激活"移动工具"，如图 7-68 所示，将图形移动到画面的左下角。

15 复制"背景副本 3"为"背景副本 4"，如图 7-69 所示。选择"编辑"→"变换"→"水平翻转"命令。移动"背景副本 4"中的图形至画面右下角，效果如图 7-70 所示。

16 合并"背景副本 3"和"背景副本 4"为"背景副本 3"，如图 7-71 所示。

17 如图 7-72 所示，复制"背景副本 3"为"背景副本 4"。

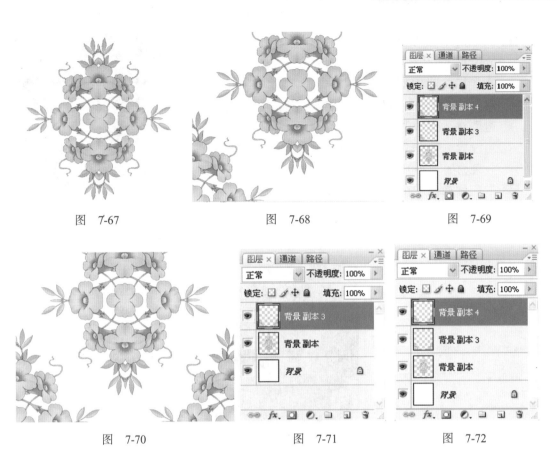

图 7-67 　　　　　　　　图 7-68 　　　　　　　　图 7-69

图 7-70 　　　　　　　　图 7-71 　　　　　　　　图 7-72

18 选择"编辑"→"变换"→"垂直翻转"命令，并将图形移动到画面的最上方，效果如图 7-73 所示。

19 如图 7-74 所示，合并除"背景"层以外的图层。

20 以"背景"层为当前层，设置前景色为 C:50、M:100、Y:100、K:30，选择"编辑"→"填充"（填充前景色）命令，效果如图 7-75 所示。

图 7-73 　　　　　　　　图 7-74 　　　　　　　　图 7-75

21 以"背景副本"层为当前层，选择"图像"→"调整"→"亮度/对比度"命令，在其对话框中调整亮度和对比度的数值，如图 7-76 所示。单击"确定"按钮，效果如图 7-77 所示。

22 设置前景色为 C:50、M:100、Y:100、K:60。以"背景副本"层为当前层，选择"编辑"→"描边"命令，在"描边"对话框中做如图 7-78 所示设置。单击"确定"按钮，效果如图 7-79 所示。

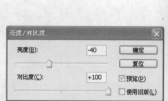

图 7-76　　　　　　　　　图 7-77

23 下面制作图案的四方连续效果。选择"图像"→"图像大小"命令，如图 7-80 所示，将图像"宽度"调整为 8 厘米。

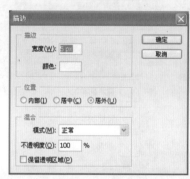

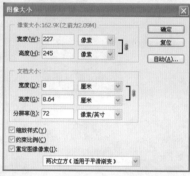

图 7-78　　　　　　　　图 7-79　　　　　　　　图 7-80

24 选择"编辑"→"定义图案"命令，如图 7-81 所示，将"名称"设置为"花卉图案"，单击"确定"按钮，完成图案设置。

图 7-81

25 新建文件，按图 7-82 所示设置参数。

26 选择"编辑"→"填充"命令，在弹出的对话框中选择填充内容为"图案"，如图 7-83 所示，找到刚刚创建的"花卉图案"。单击"确定"按钮，填充后的四方连续图案效果如图 7-52 所示。

27 根据设计需要或者喜好，可以调整出不同的色调。选择"图像"→"调整"→"色相/饱和度"命令，调整色相的不同参数，如图 7-84～图 7-89 所示。

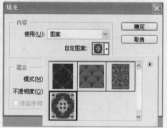

图 7-82　　　　　　　　图 7-83　　　　　　　　图 7-84

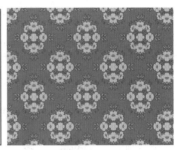

图 7-85　　　　　　图 7-86　　　　　　图 7-87

图 7-88　　　　　　图 7-89

7.4.2　扑克牌图形设计

扑克牌图形设计效果如图 7-90 所示。设计步骤如下。

01 设置背景色为黑色，按 Ctrl+N 键，新建文件，设置大小及其他参数，如图 7-91 所示。

02 在"图层"面板中，新建"图层 1"。

03 激活工具箱中的"圆角矩形工具"，在其相应的属性栏中设置模式为"像素"，"半径"为"25 像素"。设置前景色为白色，在画面中绘制一个圆角矩形，大小比例如图 7-92 所示。

04 打开"扑克花色图形"文件，如图 7-93 所示。

图 7-90

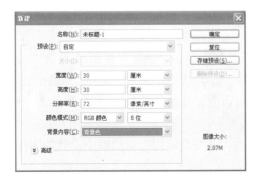
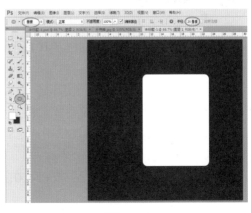

图 7-91　　　　　　图 7-92

05 将"黑桃"图层的图形拖入新建文件中，并调整大小，效果如图 7-94 所示。

06 激活工具箱中的"横排文字工具"，选择恰当的字体与字号，如图 7-95 所示，输入字母"A"。

07 在"图层"面板中，复制"图层 2"为"图层 2 副本"，如图 7-96 所示。

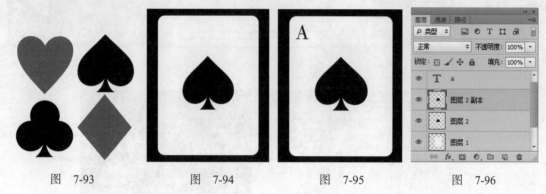

图 7-93   图 7-94   图 7-95   图 7-96

08 将"图层 2 副本"层中的黑桃图形调整大小，放置在字母 A 的下面，效果如图 7-97 所示。

09 在"图层"面板中，将文字层和"图层 2 副本"层合并为"图层 2 副本"，如图 7-98 所示。

10 如图 7-99 所示，复制"图层 2 副本"为"图层 2 副本 2"。

11 按 Ctrl+T 键，再按住 Shift 键将图形旋转 180°，将图形置于右下角，效果如图 7-100 所示。

图 7-97   图 7-98   图 7-99   图 7-100

12 在"图层"面板中，如图 7-101 所示，将"图层 2 副本"和"图层 2 副本 2"图层合并。

13 如图 7-102 所示，以"图层 1"为当前选择层，单击"锁定"按钮。

14 设置前景色为白色，设置背景色为 C:30、M:20、Y:20、K:0，激活工具箱中的"渐变工具"，在其相应属性栏中，选择"前景色到背景色渐变"，渐变形态为"径向渐变"。

15 单击"点按可编辑渐变"按钮，在弹出的"渐变编辑器"对话框中设置如图 7-103 所示参数。

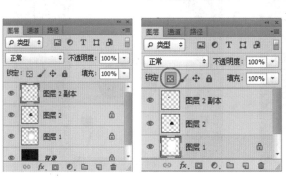

图 7-101　　　　　图 7-102　　　　　　图 7-103

16 按住鼠标左键，从图形中央向边缘拖移，渐变效果如图 7-104 所示。

17 在"图层"面板中，以"图层 2"为当前选择层，并单击"锁定"按钮，如图 7-105 所示。

18 激活工具箱中的"钢笔工具"，绘制一个如图 7-106 所示形状的封闭路径，在绘制过程中可通过"直接选择工具"调整线条，使之圆滑流畅。

图 7-104　　　　　图 7-105　　　　　　图 7-106

19 在"路径"面板中，单击下面的"将路径作为选区载入"按钮，将路径转换为选区，如图 7-107 所示。

20 设置前景色为白色，背景色为黑色，激活工具箱中的"渐变工具"，在其相应属性栏中，设置渐变形态为"线性渐变"，在如图 7-108 所示位置绘制渐变效果。

图 7-107

21 选择"选择"→"反向"命令，将选区反选。设置前景色为白色，背景色为 C:30、M:20、Y:20、K:0，在"图层"面板中，以"图层 1"为当前选择层，从图形中心向边缘拖移，渐变效果如图 7-109 所示。

22 经过以上几个步骤，可制作出扑克牌的反光效果，如图 7-110 所示。

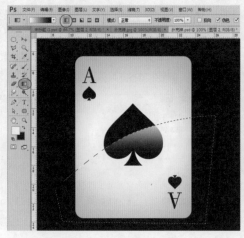
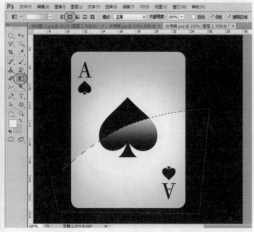

图 7-108　　　　　　　　　　　　　图 7-109

23 在"图层"面板中，如图 7-111 所示，复制"图层 1"为"图层 1 副本"。

24 如图 7-112 所示，复制"图层 2 副本"为"图层 2 副本 2"。

25 将"图层 2 副本 2"中的黑桃图形删除，如图 7-113 所示，只保留字母部分。

图 7-110　　　　　　　图 7-111　　　　　　　图 7-112　　　　　　　图 7-113

26 将"扑克花色图形"文件中的"方片"图层拖入文件中，调整大小，按照制作黑桃扑克牌的方法制作出方片扑克牌效果，如图 7-114 所示。

27 如图 7-115 所示，将"图层 1 副本"、"图层 2 副本 2"以及"方片"图层合并为一个图层。

28 用同样的方法制作出梅花与红桃扑克牌，如图 7-116 和图 7-117 所示。

图 7-114　　　　　　　图 7-115　　　　　　　图 7-116　　　　　　　图 7-117

29 如图 7-118 所示，在"图层"面板中整理图层，将分别合并的图层以牌的花色命名。

30 按 Ctrl+T 键，将"黑桃"图形向右旋转一定角度，效果如图 7-119 所示。

31 用同样方法，将其他扑克牌分别向左旋转一定角度，效果如图 7-120 所示。

图　7-118　　　　　　图　7-119　　　　　　图　7-120

32 以"黑桃"为当前选择层，单击"图层"面板下方的"添加图层样式"按钮，选择"投影"选项。在弹出的"投影"对话框中设置如图 7-121 所示参数。单击"确定"按钮，效果如图 7-122 所示。

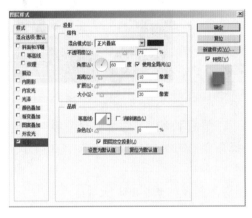

图　7-121　　　　　　　　　　图　7-122

33 在"黑桃"图层上单击鼠标右键，在弹出的快捷菜单中选择"拷贝图层样式"命令，然后分别在"方片"、"梅花"和"红桃"图层上单击鼠标右键，在弹出的快捷菜单中选择"粘贴图层样式"命令，效果如图 7-123 所示。

34 如图 7-124 所示，打开"扑克牌底纹"文件。

35 将图形拖入文件中，按图 7-125 所示置于"背景"层的上面。

36 激活工具箱中的"魔棒工具"，在画面中随便选取一处白色部分，然后选择"选择"→"选取相似"命令。按 Delete 键，删除选区内容并取消选区，效果如图 7-126 所示。

图　7-123

图 7-124   图 7-125   图 7-126

37 选择"图像"→"调整"→"色相/饱和度"命令，在弹出的对话框中设置如图 7-127 所示参数。单击"确定"按钮，效果如图 7-128 所示。

图 7-127   图 7-128

38 如图 7-129 所示，在"图层"面板中，单击下面的"添加矢量蒙版"按钮。

39 激活工具箱中的"渐变工具"，选择渐变形态为"径向渐变"，自中心向边缘拖出渐变蒙版效果，如图 7-130 所示。

40 最终效果如图 7-90 所示，此时"图层"面板如图 7-131 所示。

图 7-129   图 7-130   图 7-131

7.4.3 贺卡设计

贺卡设计效果如图 7-132 所示。设计步骤如下。

1. 内页设计

01 打开素材"田野"图片，如图 7-133 所示。

02 选择"滤镜"→"锐化"→"智能锐化"命令，在其对话框中设置如图 7-134 所示参数，单击"确定"按钮，效果如图 7-135 所示。

03 选择"图像"→"调整"→"曲线"命令，设置如图 7-136 所示参数，单击"确定"按钮，效果如图 7-137 所示。

图 7-132

图 7-133

图 7-134

图 7-135

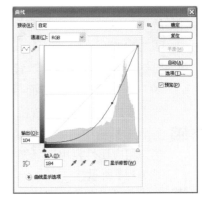

图 7-136

04 在"图层"面板中，单击面板下方的"创建新的填充或调整图层"按钮，在弹出的菜单中选择"色相/饱和度"命令。在弹出的"色相/饱和度"对话框中，设置如图 7-138 所示参数。

05 在"图层"面板中，如图 7-139 所示，调整"色相/饱和度"图层的"不透明度"为 50%，效果如图 7-140 所示。

06 在"图层"面板中，如图 7-141 所示，复制背景层为"背景副本"。

图 7-137   图 7-138

图 7-139   图 7-140   图 7-141

07 以"背景"层为当前选择层，前景色设置为 C:90、M:50、Y:100、K:50 并填充，此时可从"图层"面板中观察到，如图 7-142 所示。

08 如图 7-143 所示，以"背景副本"为当前层，单击面板下方的"添加图层蒙版"按钮。

图 7-142   图 7-143

09 激活工具箱中的"渐变工具"，在其相应属性栏中选择渐变模式为"径向渐变"，在画面中拖出渐变蒙版，效果如图 7-144 所示。

10 打开素材"女孩"图片，如图 7-145 所示。

11 利用工具箱中的"快速选择工具"和"多边形套索工具"，选取如图 7-146 所示的红线标出的区域。

12 激活"移动工具"，如图 7-147 所示，将选取的女孩图像拖入"田野"文件中。调整图层关系，如图 7-148 所示，将其放置在"色相 / 饱和度 1"图层的下面。

13 选择"编辑"→"变换"→"水平翻转"命令，调整人物角度，效果如图 7-149 所示。

14 选择"图像"→"调整"→"亮度 / 对比度"命令，在弹出的对话框中设置如图 7-150 所示参数。单击"确定"按钮，效果如图 7-151 所示。

图　7-144　　　　　　　　　　图　7-145　　　　　　图　7-146

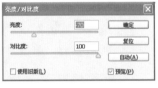

图　7-147　　　　　　　图　7-148　　　　　　　图　7-149　　　　　　图　7-150

15 激活"橡皮擦工具"，在其属性栏中设置"不透明度"为 20% 左右，选择羽化边缘的笔头，"大小"在 60 左右，将女孩腿部渐渐擦除，如图 7-152 所示，制作出腿部没入草丛的效果。

16 在"图层"面板中，在图 7-153 所示位置新建"图层 2"。

图　7-151　　　　　　　　图　7-152　　　　　　　图　7-153

17 设置前景色为 50% 黄色。激活工具箱中的"自定形状工具"，在其相应的属性栏中，选择工具模式为"像素"，形状选择"心形"。在如图7-154所示位置绘制几个心形图形。

18 选择"滤镜"→"模糊"→"高斯模糊"命令，在弹出的对话框中按图7-155所示设置"半径"为2.0像素，单击"确定"按钮，效果如图7-156所示。

图 7-154　　　　　　　　图 7-155　　　　　　　　图 7-156

19 在"图层"面板中，如图7-157所示，复制"图层2"为"图层2副本"，并将"图层2副本"置于"图层2"的下面。

20 选择"滤镜"→"模糊"→"径向模糊"命令，在弹出的对话框中设置如图7-158所示参数，单击"确定"按钮，效果如图7-159所示。

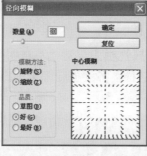

图 7-157　　　　　　　　图 7-158　　　　　　　　图 7-159

21 激活工具箱中的"横排文字工具"，在画面中输入文字"Wish you have g good mood everyday"。设置自己喜欢的字体并调整大小，效果如图7-160所示。

22 以文字层为当前层，选择"图层"→"栅格化"→"文字"命令，将文字层转化为普通层，效果如图7-161所示。

23 激活工具箱中的"自定形状工具"，在文字右端绘制一个心形图形，效果如图7-162所示。

图 7-160　　　　　　　　图 7-161

24 在"图层"面板中，复制文字层，并将"文字副本"层安置在文字层的下面，如图 7-163 所示。单击"锁定"按钮。设置前景色为黑色并填充，然后解除锁定。

25 选择"滤镜"→"其他"→"最小值"命令，在弹出的如图 7-164 所示对话框中，设置"半径"为 5 像素，单击"确定"按钮。

图　7-162

图　7-163

图　7-164

26 选择"滤镜"→"模糊"→"动感模糊"命令，在弹出的对话框中设置如图 7-165 所示参数，单击"确定"按钮，效果如图 7-166 所示。贺卡的内页效果完成，并命名为"内页"，此时"图层"面板如图 7-167 所示。

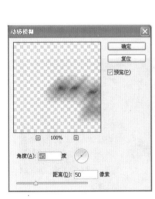
图　7-165

图　7-166

图　7-167

2. 贺卡封面设计

01 打开素材"花卉底纹"图片，如图 7-168 所示。

02 选择"滤镜"→"滤镜库"→"艺术效果"→"木刻"命令，设置如图 7-169 所示参数，单击"确定"按钮，效果如图 7-170 所示。

03 在"图层"面板中，新建"图层 1"，如图 7-171 所示。

04 设置前景色为 C:50、M:0、Y:80、K:0。

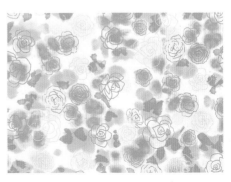
图　7-168

激活工具箱中的"矩形选框工具"，在画面中绘制一个矩形选区并填充前景色，效果如图 7-172 所示。

05 设置前景色为 C:90、M:60、Y:100、K:40。在相同位置再绘制一个略窄一点的矩形选区并填充前景色，效果如图 7-173 所示。

06 打开"内页"文件，将所有图层合并，如图 7-174 所示。激活工具箱中的"移动工具"，将合并后的"内页"拖入新建文件中，并新建"图层 3"，此时"图层"面板如图 7-175 所示。

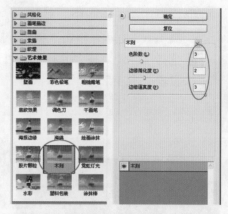

图　7-169

图　7-170

图　7-171

图　7-172

图　7-173

图　7-174

07 激活工具箱中的"自定形状工具"，在其相应的属性栏中，选择工具模式为"像素"，形状为"会话 1"，前景色设置为白色，在如图 7-176 所示位置绘制一个"会话"图形。

08 选择"编辑"→"变换"→"水平翻转"命令，然后按 Ctrl+T 键，将图形旋转一定角度，效果如图 7-177 所示。

09 在"图层"面板中，关闭"图层 3"的 图标，以"图层 2"为当前选择层，按 Ctrl 键的同时单击"图层 3"的预览窗，加载"图层 3"的选区，如图 7-178 所示，然后选

图　7-175

择"选择"→"反向"命令,按 Delete 键删除,效果如图 7-179 所示。

图 7-176 图 7-177

10 在"图层"面板中,以"图层 3"为当前选择层,并打开 ◉ 图标,如图 7-180 所示。

图 7-178 图 7-179 图 7-180

11 设置前景色为 C:10、M:40、Y:50、K:0,然后选择"编辑"→"描边"命令,在弹出的对话框中设置如图 7-181 所示参数,单击"确定"按钮,效果如图 7-182所示。

12 激活工具箱中的"魔棒工具",选取白色部分并删除,效果如图 7-183 所示。

图 7-181 图 7-182 图 7-183

13 将"内页"中的文字拖入文件中,并置于如图 7-184 所示位置,贺卡封面制作完成并存储为"封面"。此时"图层"面板如图 7-185 所示。

图 7-184　　　　　　　　　　　　图 7-185

3. 贺卡展示

01 新建文件，设置如图 7-186 所示参数。

02 设置前景色为 C:15、M:40、Y:35、K:0 并填充，效果如图 7-187 所示。

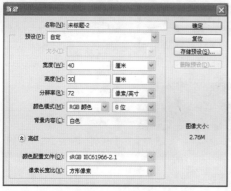

图 7-186　　　　　　　　　　　　图 7-187

03 打开"内页"文件，合并所有图层，将合并后的图片拖入新建文件中。选择"编辑"→"变换"→"扭曲"命令，调整角度与位置，效果如图 7-188 所示。

04 打开"封面"文件，在"图层"面板中，如图 7-189 所示，按住 Ctrl 键，选择"图层 2"外的所有图层并合并。

图 7-188　　　　　　　　　　　　图 7-189

05 如图 7-190 所示，复制"背景"层为"背景副本"（或双击"背景"层将其转化为普通层）。

06 将"背景"层删除，以"背景副本"层为当前选择层，按 Ctrl 键的同时单击"图层 2"的预览窗，加载"图层 2"中的选区，按 Delete 键删除选区，效果如图 7-191 所示。

07 将"背景副本"层拖入文件中，选择"编辑"→"变换"→"扭曲"命令，调整角度与位置，效果如图 7-192 所示。

图 7-190

图 7-191

图 7-192

08 在"图层"面板中，单击面板下面的"添加图层样式"按钮，选择"投影"命令。在弹出的对话框中设置如图 7-193 所示参数，单击"确定"按钮，效果如图 7-194 所示。

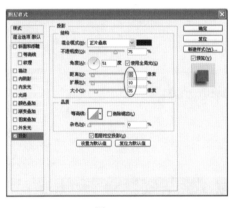

图 7-193

图 7-194

09 在"图层"面板中，以"图层 1"为当前选择层，如图 7-195 所示。

10 用同样的方法，设置如图 7-196 所示的"投影"参数，单击"确定"按钮，效果如图 7-197 所示。

11 为了让贺卡效果看起来更立体、自然，应修改一下底色。在"图层"面板中，以"背景"层为当前选择层，设置前景色为 C:20、M:50、Y:50、K:50，激活"渐变工具"，在其相应的属性栏中打开渐变拾色器，选择"前景色到透明渐变"模式，在画面中自左上至右下拖出渐变色，如图 7-198 所示，最终效果如图 7-132 所示。

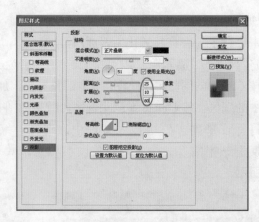

图 7-195 　　　　　　　　　　图 7-196

图 7-197 　　　　　　　　　　图 7-198

思考与练习

（1）熟练掌握图形、图案创意的表现形式。

（2）正确区分图层蒙版、矢量蒙版、剪贴蒙版和快速编辑蒙版。

（3）理解通道与蒙版的关系。

（4）掌握应用图像及图像计算命令。

（5）临摹如图 7-199 和图 7-200 所示作品。

图 7-199 　　　　　　　　　　图 7-200

Chapter 08

服 装 设 计

本章内容

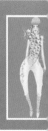

服装设计是运用一定的思维形式、美学法则和设计程序，将设计构想以绘画手段表现出来，而后选择合适的材料并通过相应的裁剪工艺和缝制工艺，使设计构思进一步物化的全过程。学习服装设计必须树立现代设计观念，即把服装创作构思、计划、设计图、工艺技术、营销视作一个整体的概念，绝不要把设计仅仅停留在纸面上。

8.1 服装设计灵感

服装设计是一种充满挑战性、创造性的艺术工作，每款设计，从设计构思到作品完成，都经过了设计者不断地思考、创作，设计灵感的涌现与否是设计者才华的表现。服装设计的灵感启示主要有以下几类。

图 8-1

1. 音乐的启示
音乐是最具感染力的艺术形式之一。音乐中的节拍形成节奏，不同的乐音组成旋律，音乐成为服装设计中不可忽视的灵感来源。例如，传统的古典音乐，如轻音乐、小夜曲等让人联想到曳地长裙，造型优雅的晚装，如图 8-1 所示。

2. 建筑学的启示
服装设计从建筑的造型、结构以及对形式美法则中汲取设计灵感由来已久，早在古希腊时期的裹缠式服装就明显受古希腊各种柱式建筑的影响。当代法国时装大师皮尔·卡丹（Pirre Cardon）的飞檐造型即是受中国古典建筑翘角飞檐的启示，如图 8-2 所示。

3. 仿生学的启示
仿生学是一门介于生物科学与技术科学之间的边缘科学。它将各种生物系统所具有的功能原理和作用机理运用于新技术工业设计，为设计打开了另一片全新的领域。在现代服装设计中，模仿生物界形态各异的造型而设计的作品往往别具魅力。西方 18 世纪的燕尾服、中国清代的马蹄袖、蝙蝠衫等皆是仿生设计的经典实例。如图 8-3 所示即为源自金属管道造型的服装设计作品。

4. 艺术风格的启示
艺术之间是相通的，绘画中的线条与色块，以及各种不同的绘画流派，均给予设计师无穷的灵感。一些设计作品灵感来源于艺术风格，如受苏联艺术风格、波普艺术风格、欧普艺术风格、极限艺术风格影响的服装设计作品。如图 8-4 所示为波普艺术风格作品。

5. 民族服装的启示
世界各国有不同的民族，由于民族习惯、审美心理的差异，造就了不同的服饰文化。傣族阿娜的超短衫、筒裙，景颇族热情红火的花裙，印度鲜艳的纱丽等，都非常协调、优美，这些都为服装设计提供了许多灵感。在当今的服装设计潮流中，中国、印度、日本等东方风格的服饰细节广为流行，披肩、流苏、立领、绣花的运用随处可见。如图 8-5 所示为藏族风格的针织服装作品。

图 8-2   图 8-3   图 8-4   图 8-5

8.2 不同风格的服装设计

1. 年轻风格

年轻风格的服装迎合年轻人的体型特征和审美情趣，款式轻松活泼，细节俏皮夸张，色彩鲜艳。

2. 舒展风格

舒展风格的款型自然宽大，线性长而柔软，褶皱较多，体面感强，装饰较为随意，细节设计比较隐蔽。女装多选用精纺服装材料，表现出柔软而悬垂的特性。大多礼服的设计常采用这种风格。

3. 奢华风格

奢华风格线型多变、节奏感强，上下装或者内外装比例对比大，细节装饰华丽，做工精细，细节与块面的对比因素强烈，材质上多选用精纺呢面料或闪光面料，如图8-6所示。

4. 中性风格

中性化风格的女装采用挺拔、简练的外轮廓，设计中多运用直线，弧线极少，零部件较为夸张，装饰不多，材料多厚实、硬挺，如图8-7所示。

5. 高雅风格

设计元素考究，结构完美合理，比例关系优美舒适，这种风格的女装外型常常表现出紧身和收腰，充分展现女性柔韧优雅的形体美，如图8-8所示。

6. 简洁风格

该风格轮廓简单，装饰较少，内轮廓布局讲究，强调体面感，对比较弱，如图8-9所示。

7. 繁复风格

繁复风格线型变化很大，分割线复杂，零部件多而且琐碎，局部造型装饰复杂。常常大量使用服装辅料，明线线迹多，多用精细、新颖的材料，如图8-10所示。

8. 异域风格

该风格款式元素充满异域化的特征，整体给人以奇幻的异域文化风情，如图8-11所示。

9．夸张风格

夸张风格外形大胆、新颖前卫，给人一种强烈的视觉冲击。局部造型常常带给人一种出其不意的感觉，外型线塑造夸张，视觉上带给人强烈的未来感，如图 8-12 所示。

图 8-6   图 8-7   图 8-8   图 8-9

图 8-10   图 8-11   图 8-12

8.3 服装的造型设计

1．服装的外轮廓设计

服装的外轮廓即服装的外部造型形状，它是服装造型的根本。服装造型给人的总体印象通常是由服装的外轮廓形所决定的。一款服装映入人们的眼帘，首先感知到的是服装的外轮廓。每一季服装款式的流行也先是从服装的外轮廓开始。服装外轮廓设计既能够反映出设计者是否有紧跟潮流的设计素质，又能够反映出当时消费者所持有的消费心态、爱好和个性。服装廓型通常以字母形状来表示，如图 8-13 ～图 8-16 所示。

2．服装的内结构设计

服装的内结构即服装的内部造型，是指服装外轮廓以内的内部结构的形状和零部件的边缘形状，如领子、袖子、门襟和口袋等零部件和衣片上的分割线、省道和褶裥等。服装的外轮廓确定以后，可以在其中创造出无穷无尽的内结构。在工业生产中，常常就是用内结构的变化来进行系列设计的，这样才能达到省时省力的目的。

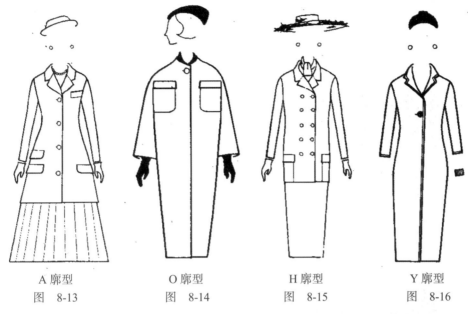

A 廓型　　　　　　　O 廓型　　　　　　　H 廓型　　　　　　　Y 廓型
图 8-13　　　　　　图　8-14　　　　　　图　8-15　　　　　　图　8-16

3. 系列款型的设计

款型系列感是指服装款式中存在着某种相似的成分，才能称作一类或一个系列。系列服装可以通过变化服装内部的结构特征，而保持服装的外部轮廓不变来实现；也可以通过变化服装的外轮廓特征，而保持服装的内部结构不变来实现；还可以通过固定的几种颜色的变化搭配来实现等，也可以综合运用，从而来体现服装的系列感，如图 8-17 所示。

图　8-17

8.4　服装设计的表达

1. 设计草图

草图是服装构思的一种表现形式，能帮助设计师在最短的时间内迅速记录设计灵感或创意，而成为设计初始阶段的创意表现形式，如图 8-18 所示。

2. 正式的设计效果图

设计效果图是对设计草图的明确化和具体化，以构思为依据，不仅通过色、形、质来表达设计师的设计意图，还要通过对附件、结构的细节描述，甚至某些局部设计的深入细化等，起到指导实物制作的效果，而且必须附上面料小样。

被设计师所采用的不同的表达形式的效果图有 3 种：手工绘制效果图、手绘图加面料小样共同表现的效果图和计算机绘制的效果图。

（1）手工绘制效果图

手工绘制效果图是全部采用手工绘画的形式来表现，如图 8-19 所示。其绘画方式多变，可采用不同的工具，如平涂勾线、钢笔淡彩、明暗画法、透明水色、彩色水笔、马克笔、彩色铅笔、油画棒、白色纸、黑色纸和彩色纸等，通过这些绘画工具体现面料的质感；手工绘画效果图中还可以使用特殊的技法，如喷绘法、剪贴法、对印法和甩色等手法。

图　8-18

图　8-19

（2）手绘图加面料小样

在材料确定的情况下，设计师可采用手绘图加面料小样的方式绘图，这种方法比较节省时间，适合快节奏的企业运作。

（3）计算机绘制效果图

随着计算机技术的飞速发展，计算机已被用于服装效果图的制作。设计者利用计算机，可使效果图画面焕然一新。这种技术在表现服装面料的质感方面极其逼真，可达到手绘无法达到的效果。各种绘图软件的出现，使服装效果图的表现技法更加丰富，如图 8-20 所示。

服装绘画的计算机化，使服装效果图突破传统的表现形式和表现技巧，使它更快捷、生动，可以复制粘贴，方便准确绘制许多相似的配件，减少手工绘制的差异和重复性，并且其保存、交流和传递都比较方便。

3．明确的结构图

设计师完成效果图以后，需要画出明确的服装平面款式图，准确地表现出服装正反面的造型特征。要求服装各部位的比例正确，可以直接标注成品尺寸。甚至还要画出局部细节放大图。明确的服装效果图在绘制服装纸样时起着关键作用，一幅完整的服装结构图应该准确地解决纸样绘制前在造型、颜色、结构甚至工艺上的一切问题，有了明确的结构图，制版师就可以轻松地绘制服装的纸样图。如图 8-21 所示为结构图。

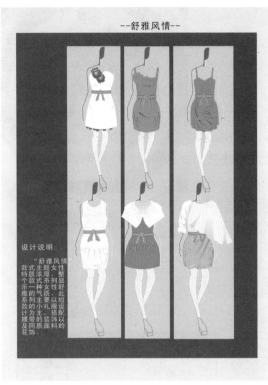

订单号：SMK1260   款号：8871#男式两件套—外套   单位：CM

	衣长	胸围	下摆	袖长	袖口	领围	帽高	帽宽	下袋长	胸袋长	腰绳
	A	B	C	D	E	F	G	H	I	J	
S	81	67	62	78.5	11.5	53	35	26.5	21.5	18.3	139
M	82.5	69	64	80	12	55	36	27.5	21.5	18.3	143
L	84	71	66	81.5	12.5	57	37	28.5	21.5	19.3	147
XL	85.5	73	68	83	13	59	38	29.5	22.5	19.3	151
XXL	87	75	70	84.5	13.5	61	39	30.5	22.5	19.3	155

制单：李馨娜 2001/05/30

图　8-20　　　　　　　　　　　　　　　图　8-21

4. 设计说明

在通常情况下，一幅完整的设计稿离不开文字说明，有些内容是无法用图形表达的，如设计主题、工艺要求、材料要求和规格尺寸等，在一些小型服装企业，甚至要求写明推档规格、面料计算和辅料种类等。

5. 规格的规定

规格是服装各部位的尺寸，是在纸样设计之前必须确定的。规格最好由设计师确定，如果改由其他人员确定，成品效果可能会偏离设计师的初衷。

6. 工艺流程设计

纸样设计已经完成，需要设计人员考虑制作时的工艺流程，写成完整的工艺流程，供样衣师参考。

7. 立体的表达方式

有些设计师也会选择立体的表达方式来表达创作意图。立体的表达方式也就是立体裁剪，是直接在模特身上做出初级的实物形态来表现设计者的构思。对于普通款式则比较费时费力。

8.5 服装效果图设计解析

下面动手设计一幅完整的服装图，其最终效果如图 8-22 所示。

8.5.1 头部制作

01 根据设计需要建立适当大小的文件，打开"图层"面板，新建图层并命名为"脸部"，分别激活"钢笔工具"和"路径选择工具"。首先用直线绘出脸的外轮廓，如图 8-23 所示，然后通过添加和删除锚点的方法，修改完善脸部的路径，使之形成圆滑曲线，效果如图 8-24 所示。

02 单击鼠标右键，在弹出的快捷菜单中选择"建立选区"命令，将路径转换为选区，然后填充颜色作为皮肤色，颜色设置为 R:255、G:255、B:204。

图 8-22

03 选择"编辑"→"描边"命令，在弹出的对话框中设置如图 8-25 所示参数。单击"确定"按钮，效果如图 8-26 所示。

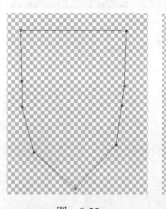

图 8-23

图 8-24

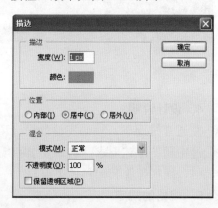

图 8-25

04 再次新建文件，用于绘制帽子。激活"钢笔工具"，绘制如图 8-27 所示路径作为针织材料纹理轮廓（此图例被放大，便于观察）。

05 单击鼠标右键，在弹出的快捷菜单中选择"填充路径"命令并填充白色，效果如图 8-28 所示；选择"编辑"→"定义图案"命令，将所绘图形定义为图案，如图 8-29 所示。

06 关闭纹理路径，激活"钢笔工具"，绘制帽子外轮廓形状，单击鼠标右键，选择"建立选区"命令并填充定义的图案，效果如图 8-30 所示。

07 选择"图层"→"图层样式"命令，在弹出的对话框中设置如图 8-31 所示参数，单击"确定"按钮，效果如图 8-32 所示。

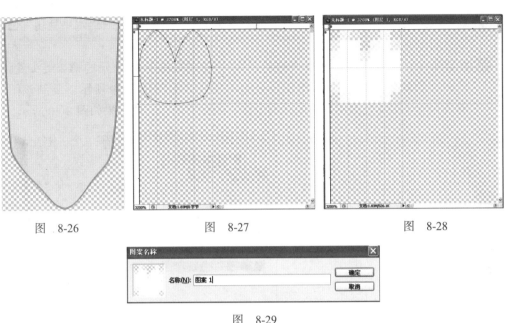

图 8-26　　　　　　　　　图 8-27　　　　　　　　　图 8-28

图 8-29

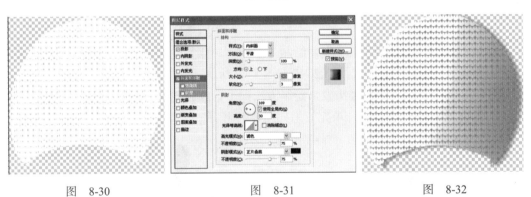

图 8-30　　　　　　　　　图 8-31　　　　　　　　　图 8-32

08 新建图层绘制第一缕头发。激活"钢笔工具"，绘制如图 8-33 所示的第一缕头发形状。单击鼠标右键，在弹出的快捷菜单中选择"建立选区"命令，激活"渐变工具"，按图 8-34 所示设置"渐变编辑器"对话框，则渐变填充效果如图 8-35 所示。

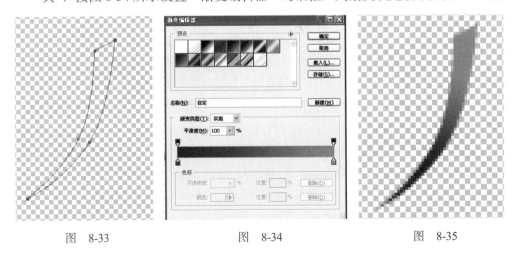

图 8-33　　　　　　　　　图 8-34　　　　　　　　　图 8-35

09 复制该图层，定义为"头发副本"，选择"编辑"→"变换"→"水平翻转"命令，
效果如图 8-36 所示。

10 新建第 3 缕头发图层。激活"钢笔工具"，绘制如图 8-37 所示的第 3 缕头发路径
轮廓。设置如图 8-38 所示渐变填充色，完成效果如图 8-39 所示。复制该图层，
定义为第 4 缕头发副本，用同样的方法，调整方向，完成效果如图 8-40 所示。

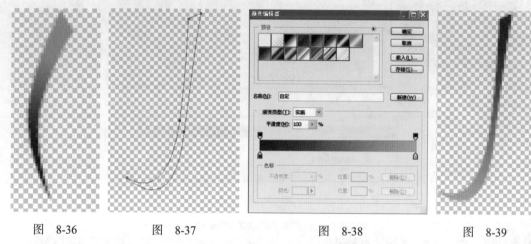

图 8-36   图 8-37   图 8-38   图 8-39

11 新建图层，绘制第 5 缕头发，绘制方法同上，路径轮廓如图 8-41 所示，渐变编辑
器设置如图 8-38 所示，填充效果如图 8-42 所示。

12 新建图层，绘制第 6 缕头发，绘制方法同上，路径轮廓如图 8-43 所示，渐变编辑
器设置如图 8-44 所示，填充效果如图 8-45 所示。

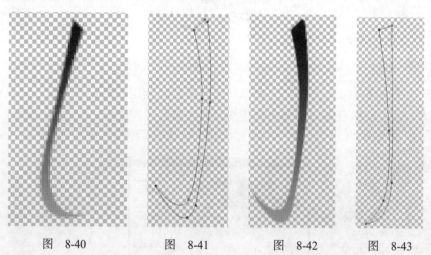

图 8-40   图 8-41   图 8-42   图 8-43

13 新建图层，绘制第 7 缕头发，绘制方法同上，路径轮廓如图 8-46 所示，渐变编辑
器设置如图 8-47 所示，填充效果如图 8-48 所示。

14 调整各图层位置，如图 8-49 所示，改变头发的大小，效果如图 8-50 所示。

15 新建图层，绘制上眼睑。激活"钢笔工具"，绘制如图 8-51 所示上眼睑的路径轮
廓，设置如图 8-52 所示渐变色，填充效果如图 8-53 所示。然后调整如图 8-54 所

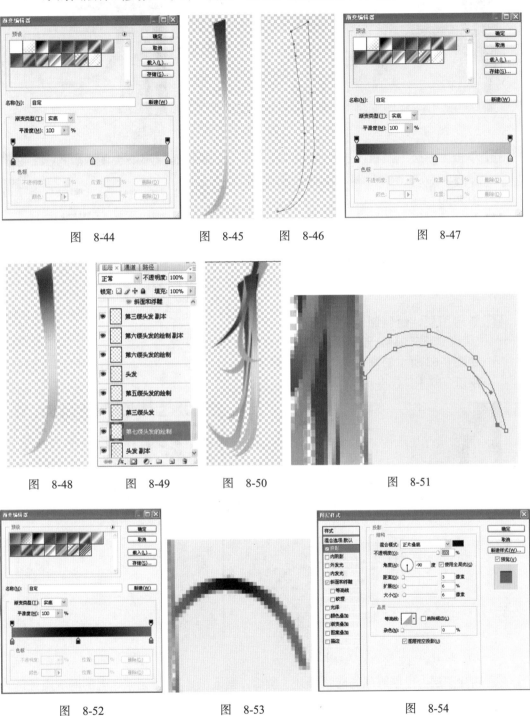

示的图层样式参数，单击"确定"按钮，效果如图 8-55 所示。

图 8-44　　　　图 8-45　　　图 8-46　　　　　图 8-47

图 8-48　　　　图 8-49　　　　图 8-50　　　　　图 8-51

图 8-52　　　　　　图 8-53　　　　　　图 8-54

16 新建图层，绘制下眼睑。用同样方法绘制下眼睑的路径，如图 8-56 所示；设置如
图 8-52 所示渐变色，填充效果如图 8-57 所示，然后调整如图 8-58 所示的图层样
式参数，单击"确定"按钮，效果如图 8-59 所示。

图　8-55　　　　　　　　图　8-56　　　　　　　　图　8-57

17 单击"图层"面板，选择"向下合并"命令，合并上眼睑和下眼睑，效果如图 8-60 所示。

18 新建图层，绘制眼球。激活"钢笔工具"，绘制如图 8-61 所示的眼球路径轮廓，用同样的方法进行描边，设置描边颜色为 R:0、G:51、B:102，效果如图 8-62 所示。

19 新建图层，绘制眼球中间部分。激活"椭圆选框工具"，绘制椭圆眼球，编辑如图 8-63 所示的渐变色，单击"确定"按钮，效果如图 8-64 所示。

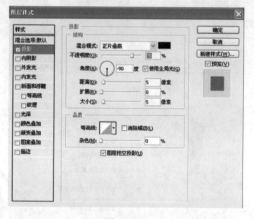

图　8-58

图　8-59　　　　　　　　图　8-60

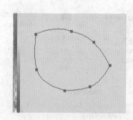

图　8-61　　　　　　　　图　8-62

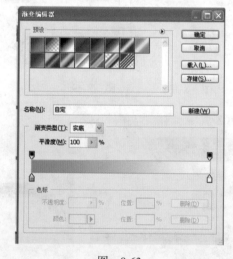

图　8-63

20 新建图层，绘制眼球的网状部分。激活"钢笔工具"，绘制眼球上的网状路径，然后单击鼠标右键，在弹出的快捷菜单中选择"描边路径"命令，描边颜色设为 R:0、G:153、B:255，效果如图 8-65 所示。

21 激活工具箱中的"模糊工具"，修改完善眼球的网状部分，效果如图 8-66 所示。

22 在"眼球"图层上新建图层，绘制路径，如图 8-67 所示。然后将其转换为选区，设置如图 8-68 所示渐变色，填充效果如图 8-69 所示。眼睛总体完成效果如图 8-70

所示。

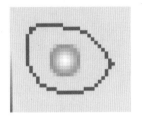

图 8-64

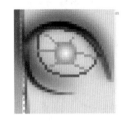

图 8-65

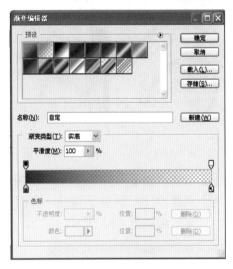

图 8-68

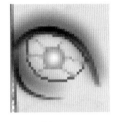

图 8-66

图 8-67

23 新建图层，绘制眉毛。方法同上，各项设置分别如图 8-71 和图 8-72 所示，效果如图 8-73 所示。

24 打开相关图层的可视性，合并可见图层，局部效果如图 8-74 所示。

25 打开所有图层，调整"图层"面板中各层关系。将眼睛和眉毛的图层处于当前层，复制该图层并将其水平翻转，调整到合适的位置，完成效果如图 8-75 所示。

图 8-69　　　　　　图 8-70

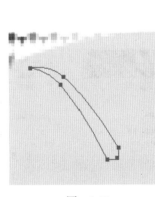

图 8-71

图 8-72

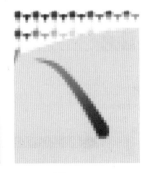

图 8-73

26 新建图层绘制嘴唇。用同样方法绘制如图 8-76 所示的嘴形，建立选区，设置如图 8-77 所示渐变色和图 8-78 所示的描边参数，完成效果如图 8-79 所示。

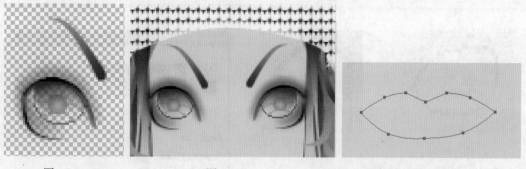

图 8-74   图 8-75   图 8-76

27 激活"钢笔工具"，绘制嘴唇的唇中线路径，并描边路径，效果如图 8-80 所示。

28 新建图层绘制鼻子路径，如图 8-81 所示，设置如图 8-82 所示的渐变填充色，填充效果如图 8-83 所示。

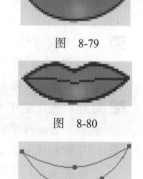

图 8-79

图 8-80

图 8-77   图 8-78   图 8-81

29 新建图层绘制泪妆。激活"钢笔工具"，绘制泪妆路径，单击鼠标右键将其转换为选区。设置如图 8-84 所示的渐变色，填充效果如图 8-85 所示。脸部五官效果如图 8-86 所示。

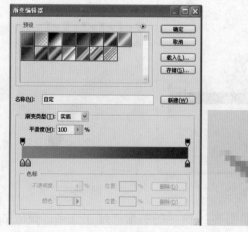

图 8-82   图 8-83   图 8-84

图　8-85　　　　　　　　　　　　　图　8-86

8.5.2　上衣制作

01 绘制上身路径。新建图层，激活"钢笔工具"，绘制如图 8-87 所示路径；单击鼠
标右键，在弹出的快捷菜单中选择"建立选区"命令，填充颜色设置为 R:255、
G:255、B:204。选择"编辑"→"描边"命令，在弹出的对话框中设置如图 8-88
所示的参数。单击"确定"按钮，效果如图 8-89 所示。

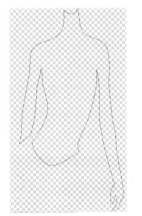

图　8-87　　　　　　　　图　8-88　　　　　　　图　8-89

02 选择"图层"→"图层样式"命令，在其对话框中设置如图 8-90 所示的参数。单
击"确定"按钮，效果如图 8-91 所示。

03 新建图层绘制上衣。激活"钢笔工具"绘制上衣形状路径，利用锚点的添加和
删除，完善上衣的路径曲线，效果如图 8-92 所示。单击鼠标右键，在弹出的快捷
菜单中选择"建立选区"命令，然后填充图案，如图 8-93 所示。单击"确定"按
钮，效果如图 8-94 所示。

04 选择"图层"→"图层样式"命令，在如图 8-95 所示的对话框中选择"投影"和
"斜面和浮雕"样式，单击"确定"按钮，效果如图 8-96 所示。

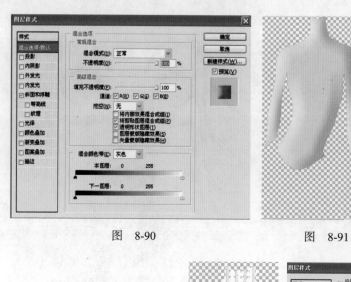
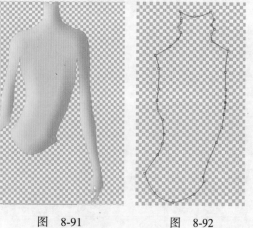

图 8-90   图 8-91   图 8-92

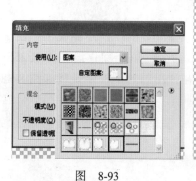

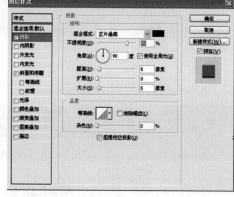

图 8-93   图 8-94   图 8-95

05 新建图层绘制上衣的花形。激活"钢笔工具"和"路径选择工具"，利用锚点的添加和删除方式修改上衣的装饰路径，效果如图 8-97 所示。单击鼠标右键，将路径转换为选区，设置如图 8-98 所示的渐变色，填充效果如图 8-99 所示。

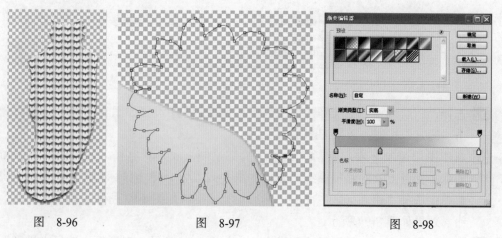

图 8-96   图 8-97   图 8-98

06 选择"图层"→"图层样式"命令，设置如图 8-100 所示的参数，单击"确定"按钮，效果如图 8-101 所示。

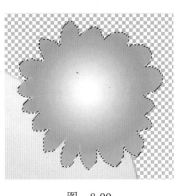

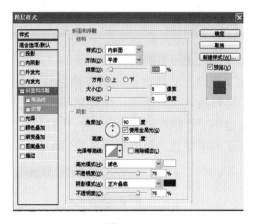

图 8-99   图 8-100

07 将上衣的装饰花形复制 10 次，将每个图层对象调整大小，然后依次排列，效果如图 8-102 所示。

08 将所有的大小花形图层合并为一层，然后复制多次，通过放大或缩小，调整到合适的位置，效果如图 8-103 所示。

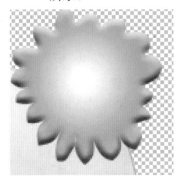

图 8-101   图 8-102   图 8-103

09 新建图层绘制上衣的羽毛装饰。激活"钢笔工具"，绘制如图 8-104 所示的上衣的羽毛路径，然后将其转换为选区并填充白色，效果如图 8-105 所示。

10 将羽毛图层复制多次，通过放大或缩小，调整到合适的位置，效果如图 8-106 所示。

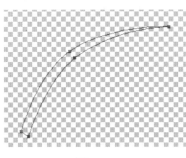

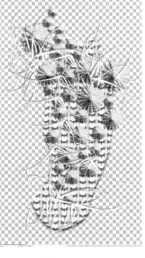

图 8-104   图 8-105   图 8-106

8.5.3 下半身制作

01 新建图层绘制左腿的形状。激活"钢笔工具"和"路径选择工具"，利用锚点的添加和删除方式修改上衣的装饰路径，绘制左腿的路径，效果如图 8-107 所示，然后将路径转换为选区，设置如图 8-108 所示的渐变色，填充效果如图 8-109 所示。

02 新建图层绘制右腿的形状。使用方法同上，绘制如图 8-110 所示路径。填充图 8-108 所示的渐变色，效果如图 8-111 所示。

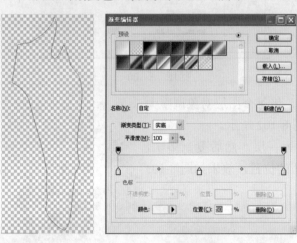
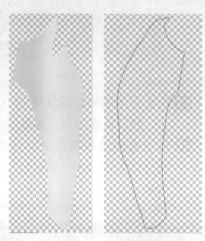

图 8-107　　　　　　图 8-108　　　　　　图 8-109　　　　　　图 8-110

03 新建图层绘制右腿的装饰。绘制如图 8-112 所示的路径，设置如图 8-113 所示渐变色并做线性填充，选择"图层"→"图层样式"命令，在其对话框中设置如图 8-114 所示的参数。单击"确定"按钮，效果如图 8-115 所示。

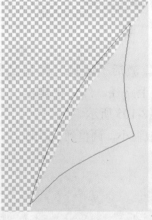

图 8-111　　　　　　图 8-112　　　　　　　　图 8-113

04 复制右腿装饰 4 次，并调整大小和方向，注意图层顺序，效果如图 8-116 所示。

05 新建图层绘制装饰件。激活"椭圆选框工具"绘制圆形选区，设置如图 8-117 所示渐变色，选择"图层"→"图层样式"命令，在其对话框中设置如图 8-118 所示的参数，单击"确定"按钮，然后在此基础上复制 4 次，调整顺序，效果如

图 8-119 所示。

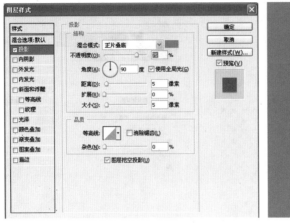

图 8-114　　　　　　　　　　图　8-115

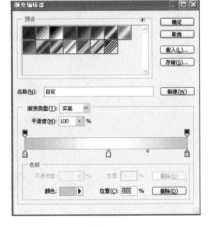

图　8-116　　　　　　　　　图　8-117

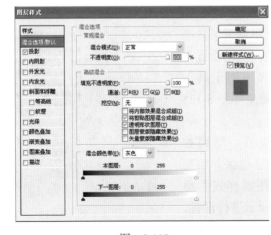

图　8-118　　　　　　　　　图　8-119

 新建图层绘制右腿裤脚的装饰，路径如图 8-120 所示。设置如图 8-121 所示的渐变色，填充效果如图 8-122 所示。

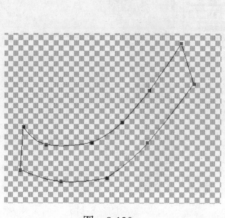

图 8-120　　　　　　　　　　图 8-121

07 将装饰条复制两次，移动到合适位置，完成右裤腿裤口的装饰，效果如图 8-123 所示；将完成的装饰图形合并后复制、水平翻转，调整位置放置另外一条腿的同样位置，效果如图 8-124 所示。

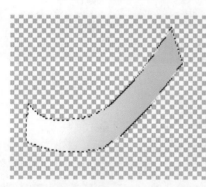

图 8-122　　　　　　　图 8-123　　　　　　　图 8-124

08 新建图层绘制腰部的衣褶。先用钢笔工具绘制基本的路径，然后描边路径，颜色设置为 R:102、G:153、B:153。激活"模糊工具"、"涂抹工具"对其进行修改，效果如图 8-125 所示。

09 新建图层绘制腰部露出的皮肤。绘制如图 8-126 所示的路径形状，建立选区并填充皮肤色，选择"图层"→"图层样式"命令，在其对话框中按图 8-127 所示进行设置，单击"确定"按钮，效果如图 8-128 所示。

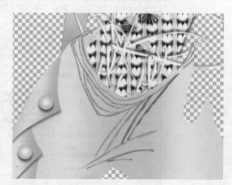

图 8-125

10 修改完善腰部。激活"画笔工具"，画笔颜色分别设置为 R:102、G:153、B:153 和 R:204、G:255、B:255，对局部进行绘制，然后利用涂抹、模糊、加深和减淡工具，完善修改腰部，效果如图 8-129 所示。

11 新建图层绘制袜套。绘制袜套的基本路径，然后转换为选区并填充图案，图层样式设置如图 8-130 所示，单击"确定"按钮，效果如图 8-131 所示。

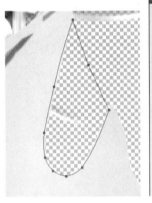

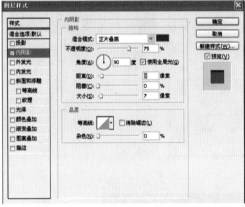

| 图 8-126 | 图 8-127 | 图 8-128 |

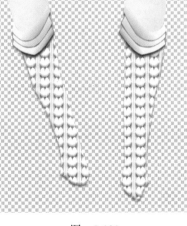

| 图 8-129 | 图 8-130 |

12 新建图层绘制左面鞋子。绘制鞋子的基本路径，然后转换为选区，设置如图 8-132 所示的渐变色，填充效果如图 8-133 所示。

13 新建图层绘制左脚面露出的皮肤。激活"钢笔工具"，分别绘制鞋子的左、右脚面露出的皮肤，建立选区后填充皮肤颜色；设置不同图层样式参数，如图 8-134 ～图 8-137 所示。

14 此时，鞋子、袜套、脚面露出的皮肤图层设置如图 8-138 所示，效果如图 8-139 所示。

图 8-131

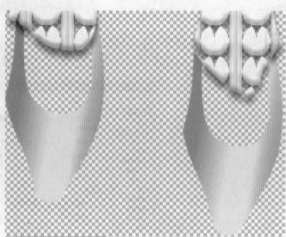

图 8-132   图 8-133

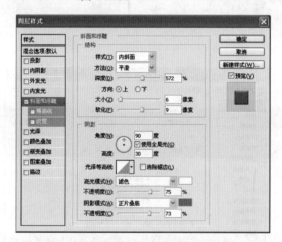

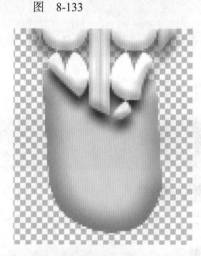

图 8-134   图 8-135

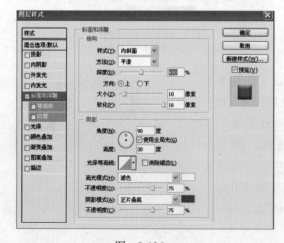

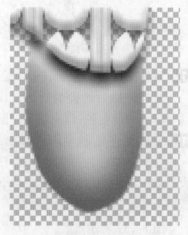

图 8-136   图 8-137

15 新建背景图层，调整图层排序，背景填充 50% 灰色，效果如图 8-140 所示。设置渐变填充色，如图 8-141 所示。

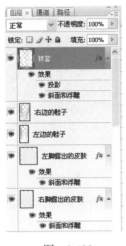

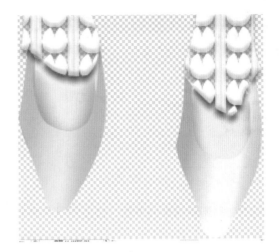

图 8-138　　　　　　　　　　图 8-139

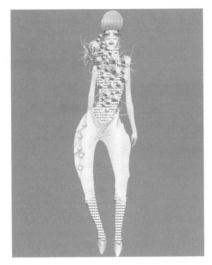

图 8-140　　　　　　　　　　图 8-141

8.6 服饰产品——帽子设计

服饰产品除包含服装外，还包括鞋、帽、袜子、手套、围巾、领带、提包、阳伞和发饰等。这里仅讨论帽子的创作方法，最终效果如图 8-142 所示，希望读者能够举一反三。

01 新建文件，如图 8-143 所示，设置"宽度"、"高度"等参数。

02 打开"图层"面板并新建"图层 1"，将其设为当前层，激活工具箱中的"钢笔工具"，绘制帽体的基本形状路径，如图 8-144 所示。

图 8-142

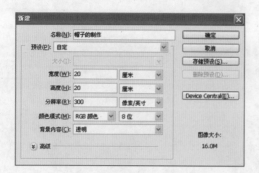

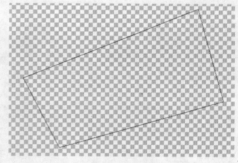

图 8-143

图 8-144

03 利用添加和删除锚点的方法，修改帽子的路径形状，使其自然顺畅，效果如图 8-145 所示。

04 单击鼠标右键，在弹出的快捷菜单中选择"建立选区"命令，将路径转换为选区，然后选择"编辑"→"填充"命令，在如图 8-146 所示的对话框中选择填充图案。再选择"描边"命令，在其对话框中设置如图 8-147 所示参数，单击"确定"按钮，效果如图 8-148 所示。

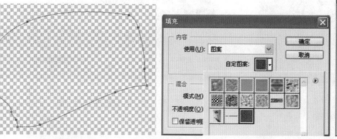

图 8-145

图 8-146

图 8-147

05 确保"图层 1"为当前层，激活"钢笔工具"，用同样的方法绘制如图 8-149 所示的路径，然后将其转换为选区并选择"填充图案"、"描边"命令，效果如图 8-150 所示。

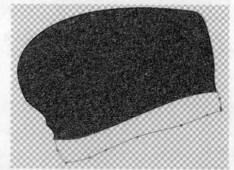

图 8-148

图 8-149

06 使"图层 1"为当前层，用同样方法完成如图 8-151 和图 8-152 所示的效果。

07 新建"图层 2"，将前景色设置为黑色，激活"钢笔工具"，绘制多条路径，然后单击鼠标右键并在弹出的快捷菜单中选择"描边路径"命令，铅笔粗细设置为 3 像素，效果如图 8-153 所示。

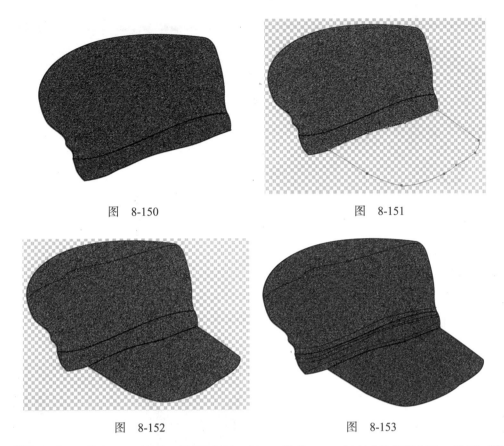

图　8-150 图　8-151

图　8-152 图　8-153

08 新建"图层 3"，激活"椭圆选框工具"，按住 Shift 键绘制圆形选区。激活"渐变工具"，按图 8-154 所示设置渐变填充编辑器，完成帽子的银色铆钉扣填充，然后单击图层下方的"图层样式"按钮，按图 8-155 所示设置参数，单击"确定"按钮，效果如图 8-156 所示。

图　8-154 图　8-155

09 将"图层 1"置于当前层，设置图层样式，如图 8-157 所示，最终完成效果如图 8-142 所示。

Chapter 01　Chapter 02　Chapter 03　Chapter 04　Chapter 05　Chapter 06　Chapter 07　**Chapter 08**　Chapter 09

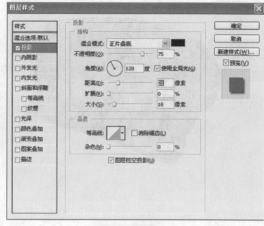

图 8-156   图 8-157

思考与练习

（1）正确理解服装设计灵感对于服装设计的重要性。

（2）临摹如图 8-158 ～图 8-162 所示作品。

图 8-160   图 8-161

图 8-158   图 8-159   图 8-162

Chapter 09

网页版式设计

本章内容

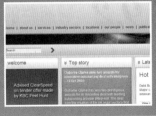

网页设计除去技术层面外，仍属于平面设计范畴，因此网页设计实际就是版式设计。既然作为版式设计，那么网页的布局设计就很重要，访问者不愿意再看到只注重内容的站点。虽然内容很重要，但只有当网页布局和网页内容成功结合时，这种网页才是受人喜欢的，如图9-1所示。

图 9-1

主页的设计应以醒目优先，切勿堆砌太多不必要的细节，或使画面过于复杂。要做到这一点，首先要在整体上规划好网站的主题和内容，确定需要传达给访问用户的主要信息，然后仔细斟酌，把所有要表达的意念合情合理地组织起来；其次，设计一个富有个性的页面式样，务求尽善尽美，这样制作出来的主页才会清晰、明了、内容充实。切记，主页面给人的第一观感最为重要。如果主页给人的第一印象没有吸引力，则很难令人深入观赏，这将会影响网站的访问量。

网页设计拥有传统媒体不具有的优势，能将声音、图片、文字和动画相结合，营造一个亦动亦静、富有生气的独特世界，同时还拥有极强的交互性，使用户能够参与其中，同设计者进行交流，但最基本的还是平面设计的内容。

网页通常具有的元素包括文字、图片、符号、动画和按钮等，其中文字占很大的比重，因为网络基本上还是以传送信息为主，文字的信息功能无可替代。其次是图片，加入图片不但可以使页面更加活跃，而且可以形象地说明问题。

9.1 页面尺寸设置

由于页面尺寸和显示器大小及分辨率有关系，网页的局限性就在于无法突破显示器的范围，而且因为浏览器也将占去不少空间，留给设计者的页面范围变得越来越小。一般分辨率在800×600的情况下，页面的显示尺寸为780×428像素；分辨率在640×480的情况下，页面的显示尺寸为620×311像素；分辨率在1024×768的情况下，页面的显示尺寸为1007×600像素。从以上数据可以看出，分辨率越高，页面尺寸越大。

浏览器的工具栏也是影响页面尺寸的原因。目前的浏览器的工具栏都可以取消或者增加，显示全部的工具栏和关闭全部工具栏时，页面的尺寸是不一样的。

在网页设计过程中，向下拖动页面是给网页增加更多内容（尺寸）的唯一方法，但除非肯定站点的内容能吸引访问者继续浏览，否则不要让访问者拖动页面超过3屏。如果需要在同一页面显示超过3屏的内容，那么最好能在页面内部做链接，方便访问者浏览。

9.2 导航栏的变化与统一

导航栏是指位于页眉区域的、在页眉横幅图片上边或下边的一排水平导航按钮，起着链接各个页面的作用。

导航栏的颜色与样式往往体现了整个网站风格，网页导航栏是网站的一个重要部分，所以在设计网页时设计师都会把导航栏作为比较重要的元素来设计。

几乎每个网页都有导航栏，对同一个网站内的所有网页来说，导航栏必须在设计风格上力求统一，否则用户就需要分别适应每一个页面的导航界面的风格，这不仅会浪费时间，也会严重影响整个网站的美感。

但这里所说的统一并不是要求为每个网页设计出一模一样的导航栏。当用户访问网站时，一个网站的导航菜单是整个网站布局中最重要的部分之一。导航菜单起到举足轻重的作用，设计个性、摆放科学的导航菜单，可以更加清晰地引导用户的每一步站内操作，并向用户直观地传达网站内容的特点；完全相同的导航栏会让用户在浏览过程中感到疲惫、麻木，以至于失去浏览兴趣。也就是说，应该在统一的整体风格下，努力追求细节上的变化。例如，可以在确保导航栏、布局和字体一致性的基础上变化不同导航栏的背景颜色、图案等，如图 9-2 和图 9-3 所示。

在统一的基础上寻求变化，这是设计师应该时刻注意的问题。

图　9-2

图　9-3

9.3 网页布局

网页设计师应该尽量熟悉典型网页的基本布局方式，根据客户的需要选择使用。门户类网页为了尽可能展示信息内容，往往都会设计成 3 栏甚至 4 栏的纵向布局；公司首页为了尽可能展示强大的企业实力，往往会选择页面更宽阔的横向布局；个人主页为了展示网站主人的个性，网页布局方式会千差万别，轴向布局、网格布局、斜角布局、放射布局、离散布局和对比布局等都是个人主页的常用方式，如图 9-4 和图 9-5 所示。

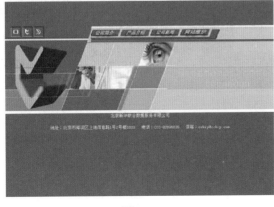

图　9-4

图　9-5

9.4 网页空间中的视觉导向

每个网页都有一个视觉空间，都能给人深度、广度和时间流逝的感觉。当打开一个新的网页后，用户的视线首先会聚焦在页面中最引人注意的那一点上，通常称其为"视觉焦点"，如图 9-6 和图 9-7 所示。随后人们的思路会受到焦点周边设计元素的形状和分布方式的影响，并在不知不觉中将视线转移到另一个值得停留的地方（一段醒目的线条、一串特殊的符号或一段渐变色彩），如此继续下去，视线所经过的所有关注点可以理解为视觉路径。

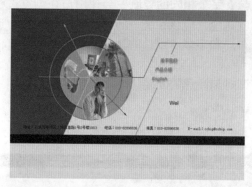

图 9-6

图 9-7

9.5 文字信息的设计和编排

编排网页上的文字信息时需要考虑字体、字号、字符间距和行距、段落版式、段间距等因素。从美学观点看，既保证网页整体视觉效果的和谐、统一，又保证所有文字信息的醒目和易于识别，这是评价该工作的最高标准。如图 9-8 所示为一个成功的网页编排效果。

通常情况下，正文内容最好采用默认字体。因为浏览器是用本地机器上的字库显示页面内

图 9-8

容的，作为网页设计者必须考虑到大多数浏览者的机器中只装有 3 种字体类型及一些相应的特定字体。而指定的字体在浏览者的机器中并不一定能够找到，这给网页设计带来很大的局限。如果确有必要使用特殊字体，可以将文字制成图像，然后插入页面中。

接近字体尺寸的行距设置比较适合正文。行距的常规比例为 10:12，即用字 10 点，则行距为 12 点，行距的变化也会对文本的可读性产生很大影响。一般情况下，适当的行距会

形成一条明显的水平空白带，以引导浏览者的目光，而行距过宽会使文字失去较好的延续性。

　　行距本身也是具有很强表现力的设计语言，除了对于可读性的影响外，有时为了加强版式的装饰效果，可以有意识地加宽或缩窄行距，体现独特的审美意趣。例如，加宽行距可以体现轻松、舒展的情绪，应用于娱乐性、抒情性的内容恰如其分。另外，通过精心安排，使宽、窄行距并存，可增强版面的空间层次与弹性，表现出独特风格。

　　粗体字强壮有力，适合机械、建筑业等内容；细体字高雅细致，有女性特点，更适合服装、化妆品、食品等行业的内容。同一页面中，字体种类少，版面雅致，有稳定感；字体种类多，则版面活跃，丰富多彩。关键是如何根据页面内容来掌握这个比例关系。

　　对比是设计和编排文字信息时必须考虑的问题。不同的字体、不同的字号、不同的文字颜色、不同的字符间距在视觉效果上都可以形成强烈的对比。精心设计的文字对比可以为网页空间增添活力。

9.6　色彩的使用技巧

　　网页设计中，色彩是艺术表现的要素之一。根据和谐、均衡和重点突出的原则，将不同的色彩进行组合、搭配来构成美丽的页面，如图9-9所示。根据色彩对人们心理的影响，合理地加以运用，按照色彩的记忆性原则，一般暖色较冷色的记忆性更强一些。色彩还具有联想与象征的特质，如红色象征血、太阳；蓝色象征大海、天空和水面等。

图　9-9

　　虽然色彩很重要，但也不能毫无节制地运用多种颜色，一般情况下，先根据总体风格的要求定出1～2种主色调，已经有了完备的CIS企业形象识别系统的企业进行网页设计时，更应该按照其中的VI进行色彩运用，因此在网页设计中应注意以下几个问题：

　　（1）单色网页。单色指选定一种颜色（不是单指黑白色），然后调整透明度或者饱和度，产生新的色彩。这样的网页看起来色彩统一，有层次感。

　　（2）用两种色彩。先选定一种色彩，然后选择它的对比色，再进行微小的调整。整个页面色彩丰富但不花哨。

　　（3）用同一个色系。简单地说，就是用同一个感觉的色彩，例如，淡蓝、淡黄、淡绿，或者土黄、土灰、土蓝。也就是在同一个色系里面采取不同的颜色为网页增加色彩，丰富又不花哨，而且色调统一。这种配色方法在网站设计中最为常用，如图9-10所示。

　　（4）灰色在网页设计中又称为万能

图　9-10

色，其特点是可以和任意色彩搭配，在使用时要把握使用量以防止网页变灰。

（5）了解网站所要传达的信息和品牌，选择可以加强这些信息的颜色。例如，如果要设计一个强调稳健的机构的网站，就要选择冷色系、柔和的颜色，像蓝、灰或绿，如图 9-11 所示。在这样的状况下，如果使用暖色系或活泼的颜色，可能会破坏了该网站的整体效果。

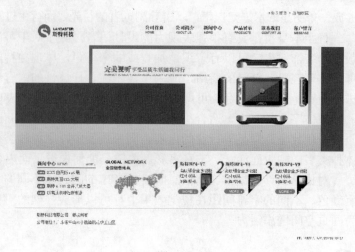

图　9-11

（6）了解读者群。文化差异可能会使色彩产生非预期的反应。同时，不同地区与不同年龄对色彩的反应亦会有所不同。年轻的群体一般喜欢饱和色，但这样的颜色却很难引起高年龄群体的兴趣。

（7）不要使用过多的颜色。除了黑色和白色以外，再选择 4 ～ 5 种颜色就够了。太多的颜色会导致混淆，也会分散读者的注意力。

（8）在阅读的部分使用对比色。颜色太接近无法产生对比的效果，也会妨碍阅读。白底黑字的阅读效果最好。

（9）用灰阶来测试对比。当处理黑色、白色和灰色以外的颜色时，有时很难决定每个颜色的对比值，此时应用灰阶来测试。

（10）选择颜色要注意时效性。同一个色彩很容易充斥整个市场，且消费者很快会对流行色彩感到很麻木。但从另外一个角度来看，可以使用几十年前的流行色彩，引起人们的怀旧之情。

9.7 技术与艺术的紧密结合

设计者不能超越自身已有经验和所处环境提供的客观条件限制进行设计，设计是主观和客观共同作用的结果。优秀设计者正是在掌握客观规律基础上得到完全的自由，一种想象和创造的自由。网络技术主要表现为客观因素，艺术创意主要表现为主观因素，网页设计者应该积极主动地掌握现有的各种网络技术规律，注重技术和艺术紧密结合，这样才能发挥技术之长，实现艺术想象，满足浏览者对网页信息的高质量需求。

总之，网页设计中形式与内容必须相统一。形式语言必须符合页面的内容，要将丰富的意义和多样的形式组织成统一的页面结构，体现内容的丰富含义。通过空间、文字、图形之间的相互关系建立整体的均衡状态，运用对比与调和、对称与平衡、节奏与韵律以及留白等手段，产生和谐的美感。要使用点、线、面的互相穿插、互相衬托、互相补充构成最佳的页面效果，如图 9-12 所示。

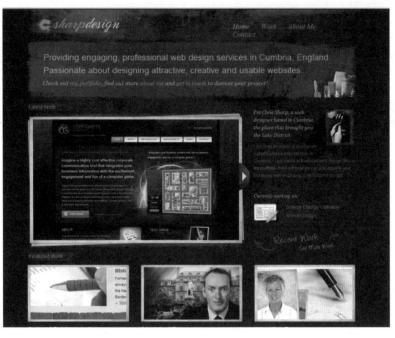

图 9-12

9.8 网页版式设计案例解析

网页版式设计效果如图 9-13 所示。

图 9-13

下面讲解具体的设计步骤。

9.8.1 图案设计

01 新建文件，设置如图 9-14 所示的参数。

02 将背景填充为 20% 灰色，激活工具箱中的"矩形选框工具"，按住 Shift 键在如图 9-15 所示位置绘制一个正方形选区（大小在 1 ～ 2 毫米之间）。

03 如图 9-16 所示，将选区填充为白色，然后移动选区到画面左上角，填充 40% 灰色，取消选区。

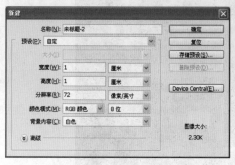

图 9-14   图 9-15   图 9-16

04 选择"编辑"→"定义图案"命令，按图 9-17 所示输入名称"图案 .jpg"，单击"确定"按钮。

05 新建文件，设置如图 9-18 所示的参数，单击"确定"按钮。

图 9-17

06 打开"图层"面板，新建"图层 1"，如图 9-19 所示。

07 以"图层 1"为当前层，选择"编辑"→"填充"命令，在"填充"对话框中选择使用"图案"，并找到最后一个定义的图案，如图 9-20 所示。单击"确定"按钮，效果如图 9-21 所示。

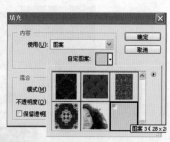

图 9-18   图 9-19   图 9-20

08 如图 9-22 所示，在"图层"面板中单击"添加图层蒙版"按钮。

09 将前景色设置为白色，背景色设置为黑色，激活工具箱中的"渐变填充工具"，按住 Shift 键在画面中垂直拖曳，做蒙

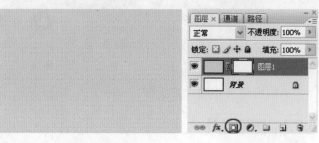

图 9-21   图 9-22

版的渐变填充，效果如图9-23所示。

10 此时图层中的蒙版显示效果如图9-24所示。

11 如图9-25所示，在"图层"面板中新建"图层2"。

12 激活工具箱中的"矩形选框工具"，在如图9-26所示的相应位置绘制矩形框并填充从深绿到浅绿色的渐变效果。

13 如图9-27所示，在"图层"面板中新建"图层3"。

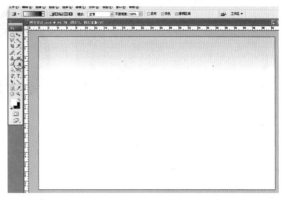

图　9-23

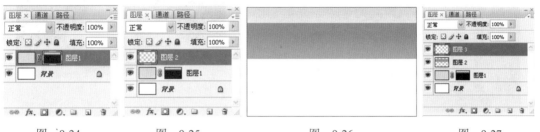

图　9-24　　　　图　9-25　　　　图　9-26　　　　图　9-27

14 激活工具箱中的"圆角矩形工具"，如图9-28所示，在其属性栏中选择"像素"选项，并绘制圆角矩形。

15 在"图层"面板中单击"添加图层样式"按钮，在其对话框中设置"斜面和浮雕"选项，如图9-29所示。单击"确定"按钮，效果如图9-30所示。

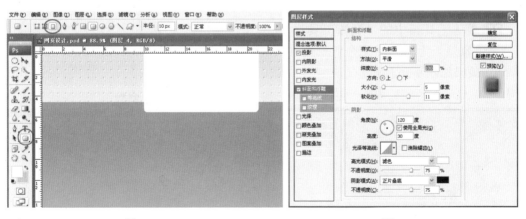

图　9-28　　　　　　　　图　9-29

16 打开"标志"文件，如图9-31所示。激活工具箱中的"魔棒工具"，选取空白处，然后将选区反选。

17 激活"移动工具"，将标志拖入文件，调整大小与位置，效果如图9-32所示。

18 打开"咖啡杯"文件，如图9-33所示。

图 9-30   图 9-31

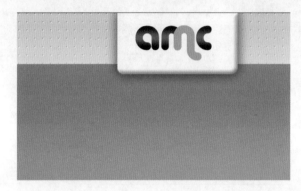

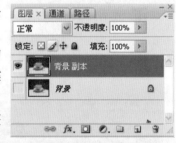

图 9-32   图 9-33

19 如图 9-34 所示，在"图层"面板中复制"背景"层为"背景副本"，关闭"背景"层的 👁 图标。

20 以"背景副本"层为当前选择层，激活工具箱中的"快速选择工具"，选取深色背景部分并按 Delete 键删除，效果如图 9-35 所示。

21 激活工具箱中的"魔棒工具"，在其属性栏中调整"容差"为 10，将剩余背景选取并按 Delete 键删除，效果如图 9-36 所示。

图 9-34

图 9-35   图 9-36

22 取消选区，用"移动工具"将咖啡杯图像拖入文件，调整大小与位置，效果如图 9-37 所示。

23 选择"图像"→"调整"→"曲线"命令，在其对话框中如图 9-38 所示调整曲线。

24 激活工具箱中的"橡皮擦工具"，在其属性栏中调整"不透明度"为 20%，笔头大小为 100，在咖啡杯阴影部分擦拭，使阴影效果较为柔和，效果如图 9-39 所示。

图　9-37

25 如图 9-40 所示，在"图层 1"和"图层 2"之间新建"图层 5"。

26 激活工具箱中的"矩形选框工具"，在画面左下角绘制选区并填充浅灰到白色的渐变，效果如图 9-41 所示。

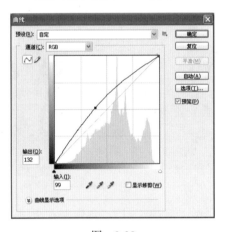

图　9-38

图　9-39

27 如图 9-42 所示，在"图层 5"上面新建"图层 6"。

图　9-40

图　9-41

图　9-42

28 设置前景色为深绿色，激活工具箱中的"圆角矩形工具"，在如图 9-43 所示位置绘制圆角矩形（图形有一部分被"图层 2"中的图形遮盖）。

29 如图 9-44 所示，在"图层 6"层上面新建"图层 7"。

图 9-43　　　　　　　　　　　　　　　　图 9-44

30 分别绘制 3 个圆角矩形，单击鼠标右键，在弹出的快捷菜单中选择"建立选区"命令，然后填充浅绿色到深绿色渐变，效果如图 9-45 所示。

31 激活"横排文字工具"，输入英文文字并做如图 9-46 所示的版式调整。

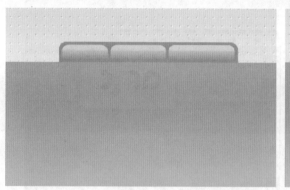

图 9-45　　　　　　　　　　　　　　　　图 9-46

32 打开"建筑剪影"文件，如图 9-47 所示。激活"魔棒工具"，选取空白处并将选区反选。

33 激活"移动工具"，将"建筑剪影"图片拖入文件中，并调整大小与位置，效果如图 9-48 所示。

34 如图 9-49 所示，在"图层"面板中调整"不透明度"为 30%，效果如图 9-50 所示。

图　9-47　　　　　　图　9-48　　　　　　图　9-49

35 在如图 9-51 所示位置输入英文文字，调整字体和大小。

图 9-50　　　　　　　　　　　　　　　　　图 9-51

36 在"图层"面板中，单击"添加图层样式"按钮，设置如图 9-52 所示的参数，单击"确定"按钮，效果如图 9-53 所示。

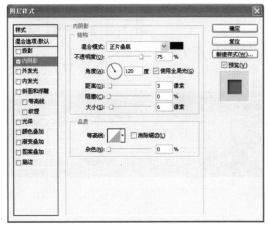

图 9-52　　　　　　　　　　　　　　　　　图 9-53

37 输入相关的白色文字，效果如图 9-54 所示。

38 如图 9-55 所示，在"图层"面板中新建"图层 9"。

图 9-54　　　　　　　　　　　　　　　　　图 9-55

39 设置前景色为白色，以"图层9"为当前层，激活工具箱中的"圆角矩形工具"，绘制如图9-56所示图形。

图　9-56

40 仍以"图层9"为当前层，在"样式"面板中选择如图9-57所示的"双环发光"样式，效果如图9-58所示。

41 在图形上输入白色英文字，并添加"内阴影"图层样式，效果如图9-59所示。

图　9-57

42 此时"图层"面板如图9-60所示。

43 在如图9-61所示位置输入英文文字，调整字体大小和版式。

图　9-58

图　9-59

图　9-60

图　9-61

44 输入符号"{}"，调整大小并放置在英文文本的两端，效果如图9-62所示。

45 下面制作按钮。如图9-63所示为按钮制作完成后的位置和效果，按钮可以新建文件单独制作，完成后复制到文件中即可。

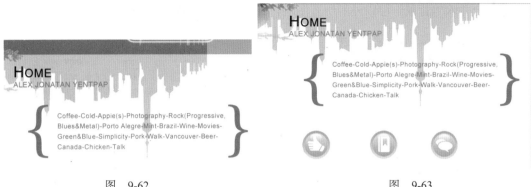

<table>
<tr><td>图　9-62</td><td>图　9-63</td></tr>
</table>

9.8.2　按钮设计

01 新建文件，设置如图 9-64 所示参数。

02 在"图层"面板中新建"图层 1"，激活工具箱中的"椭圆选框工具"，按住 Shift 键，绘制一个正圆选区，自上而下填充深灰到浅灰的渐变，效果如图 9-65 所示。

03 复制"图层 1"为"图层 1 副本"，按 Ctrl+T 组合键，调出变换框，按住 Shift+Alt 键缩小图形，再拖动外围的旋转手柄旋转 180°，效果如图 9-66 所示。

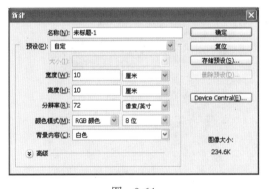

图　9-64　　　　　图　9-65　　　　　图　9-66

04 激活"椭圆选框工具"，在圆形上方位置绘制一个椭圆选区，前景色设置为白色。激活工具箱中的"渐变填充工具"，在其相应属性栏中选择"前景到透明"选项，自上而下在椭圆选区上绘制渐变，效果如图 9-67 所示。

05 激活工具箱中的"钢笔工具"，绘制手的基本形态，然后调整节点，使线条流畅，效果如图 9-68 所示。

06 如图 9-69 所示，在"路径"面板中单击"将路径作为选区载入"按钮，然后填充白色，效果如图 9-70 所示。

图　9-67

07 合并除"背景"层以外的所有图层，此时"图层"面板如图 9-71 所示。

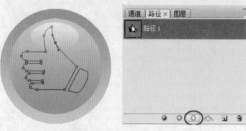

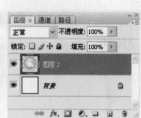

图 9-68　　　　　　图 9-69　　　　　　图 9-70　　　　　　图 9-71

08 激活"移动工具"，将按钮图像拖入文件，并用相同的方法制作其他按钮，如图 9-72 和图 9-73 所示，并在按钮之间绘制线条间隔。网页主页效果制作完成。

09 在此基础上链接页可以不断变化，如图 9-74 所示。

图 9-72　　　　　　图 9-73

图 9-74

思考与练习

（1）充分掌握网页设计的 7 大基本原则。

（2）临摹如图 9-75 和图 9-76 所示作品。

图　9-75

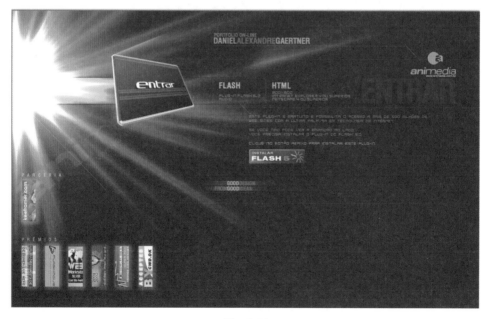

图　9-76

（3）为自己制作个性主页。